U0395705

格致方法·定量研究系列　吴晓刚　主编

应用回归导论

[美] 迈克尔·S.刘易斯-贝克 著
(Michael S.Lewis-Beck)
曾东林 译

SAGE Publications, Inc.

格致出版社　上海人民出版社

出版说明

由香港科技大学社会科学部吴晓刚教授主编的“格致方法·定量研究系列”丛书，精选了世界著名的 SAGE 出版社定量社会科学研究丛书，翻译成中文，起初集结成八册，于 2011 年出版。这套丛书自出版以来，受到广大读者特别是年轻一代社会科学工作者的热烈欢迎。为了给广大读者提供更多的方便和选择，该丛书经过修订和校正，于 2012 年以单行本的形式再次出版发行，共 37 本。我们衷心感谢广大读者的支持和建议。

随着与 SAGE 出版社合作的进一步深化，我们又从丛书中精选了三十多个品种，译成中文，以飨读者。丛书新增品种涵盖了更多的定量研究方法。我们希望本丛书单行本的继续出版能为推动国内社会科学定量研究的教学和研究作出一点贡献。

总 序

2003年，我赴港工作，在香港科技大学社会科学部教授研究生的两门核心定量方法课程。香港科技大学社会科学部自创建以来，非常重视社会科学研究方法论的训练。我开设的第一门课“社会科学里的统计学”（Statistics for Social Science）为所有研究型硕士生和博士生的必修课，而第二门课“社会科学中的定量分析”为博士生的必修课（事实上，大部分硕士生在修完第一门课后都会继续选修第二门课）。我在讲授这两门课的时候，根据社会科学研究生的数理基础比较薄弱的特点，尽量避免复杂的数学公式推导，而用具体的例子，结合语言和图形，帮助学生理解统计的基本概念和模型。课程的重点放在如何应用定量分析模型研究社会实际问题上，即社会研究者主要为定量统计方法的“消费者”而非“生产者”。作为“消费者”，学完这些课程后，我们一方面能够读懂、欣赏和评价别人在同行评议的刊物上发表的定量研究的文章；另一方面，也能在自己的研究中运用这些成熟的方法论技术。

上述两门课的内容，尽管在线性回归模型的内容上有少量重复，但各有侧重。“社会科学里的统计学”从介绍最基本的社会研究方法论和统计学原理开始，到多元线性回归模型结束，内容涵盖了描述性统计的基本方法、统计推论的原理、假设检验、列联表分析、方差和协方差分析、简单线性回归模型、多元线性回归模型，以及线性回归模型的假设和模型诊断。“社会科学中的定量分析”则介绍在经典线性回归模型的假设不成立的情况下的一些模型和方法，将重点放在因变量为定类数据的分析模型上，包括两分类的 logistic 回归模型、多分类 logistic 回归模型、定序 logistic 回归模型、条件 logistic 回归模型、多维列联表的对数线性和对数乘积模型、有关删节数据的模型、纵贯数据的分析模型，包括追踪研究和事件史的分析方法。这些模型在社会科学研究中有着更加广泛的应用。

修读过这些课程的香港科技大学的研究生，一直鼓励和支持我将两门课的讲稿结集出版，并帮助我将原来的英文课程讲稿译成了中文。但是，由于种种原因，这两本书拖了多年还没有完成。世界著名的出版社 SAGE 的“定量社会科学研究”丛书闻名遐迩，每本书都写得通俗易懂，与我的教学理念是相通的。当格致出版社向我提出从这套丛书中精选一批翻译，以飨中文读者时，我非常支持这个想法，因为这从某种程度上弥补了我的教科书未能出版的遗憾。

翻译是一件吃力不讨好的事。不但要有对中英文两种语言的精准把握能力，还要有对实质内容有较深的理解能力，而这套丛书涵盖的又恰恰是社会科学中技术性非常强的内容，只有语言能力是远远不能胜任的。在短短的一年时间里，我们组织了来自中国内地及香港、台湾地区的二十几位研究生参与了这项工程，他们当时大部分是香港科技大学的硕士和博士研究生，受过严格的社会科学统计方法的训练，也有来自美国等地对定量研究感兴趣的博士研究生。他们是香港科技大学社会科学部博士研究生蒋勤、李骏、盛智明、叶华、张卓妮、郑冰岛，硕士研究生贺光烨、李兰、林毓玲、肖东亮、辛济云、於嘉、余珊珊，应用社会经济研究中心研究员李俊秀；香港大学教育学院博士研究生洪岩璧；北京大学社会学系博士研究生李丁、赵亮员；中国人民大学人口学系讲师巫锡炜；中国台湾"中央"研究院社会学所助理研究员林宗弘；南京师范大学心理学系副教授陈陈；美国北卡罗来纳大学教堂山分校社会学系博士候选人姜念涛；美国加州大学洛杉矶分校社会学系博士研究生宋曦；哈佛大学社会学系博士研究生郭茂灿和周韵。

参与这项工作的许多译者目前都已经毕业，大多成为中国内地以及香港、台湾等地区高校和研究机构定量社会科学方法教学和研究的骨干。不少译者反映，翻译工作本身也是他们学习相关定量方法的有效途径。鉴于此，当格致出版社和 SAGE 出版社决定在"格致方法·定量研究系列"丛书中推出另外一批新品种时，香港科技大学社会科学部的研究生仍然是主要力量。特别值得一提的是，香港科技大学应用社会经济研究中心与上海大学社会学院自 2012 年夏季开始，在上海（夏季）和广州南沙（冬季）联合举办"应用社会科学研究方法研修班"，至今已经成功举办三届。研修课程设计体现"化整为零、循序渐进、中文教学、学以致用"的方针，吸引了一大批有志于从事定量社会科学研究的博士生和青年学者。他们中的不少人也参与了翻译和校对的工作。他们在繁忙的学习和研究之余，历经近两年的时间，完成了三十多本新书的翻译任务，使得“格致方法·定量研究系列”丛书更加丰富和完善。他们是：东南大学社会学系副教授洪岩璧，香港科技大学社会科学部博士研究生贺光烨、李忠路、王佳、王彦蓉、许多多，硕士研究生范新光、缪佳、武玲蔚、臧晓露、曾东林，原硕士研究生李兰，密歇根大学社会学系博士研究生王骁，纽约大学社会学系博士研究生温芳琪，牛津大学社会学系研究生周穆之，上海大学社会学院博士研究生陈伟等。

陈伟、范新光、贺光烨、洪岩璧、李忠路、缪佳、王佳、武玲蔚、许多多、曾东林、周穆之，以及香港科技大学社会科学部硕士研究生陈佳莹，上海大学社会学院硕士研究生梁海祥还协助主编做了大量的审校工作。格致出版社编辑高璇不遗余力地推动本丛书的继续出版，并且在这个过程中表现出极大的耐心和高度的专业精神。对他们付出的劳动，我在此致以诚挚的谢意。当然，每本书因本身内容和译者的行文风格有所差异，校对未免挂一漏万，术语的标准译法方面还有很大的改进空间。我们欢迎广大读者提出建设性的批评和建议，以便再版时修订。

我们希望本丛书的持续出版，能为进一步提升国内社会科学定量教学和研究水平作出一点贡献。

吴晓刚

于香港九龙清水湾

目 录

序

我们对这本期待已久的关于应用回归分析的书稿终于可以付梓成书感到非常高兴。刘易斯-贝克博士用简洁、清晰的文字准确无误地完成了该书的写作。我相信那些刚入门的社会科学研究者会发现刘易斯-贝克的这本书给他们提供了一个理想的起点,以此来处理回归分析的一些入门和非技术性的内容。这本书强调的是应用回归分析,刘易斯-贝克博士提供了巧妙的例子来阐述有关正确运用和滥用回归分析的要点。他的例子包括:收入的决定因素,其中教育、资历、性别和政党立场作为自变量;影响采煤业死亡事故的因素;阿根廷大选中左右贝隆所获选票的因素;其他一些回归分析的实际应用。

刘易斯-贝克使用了很多例子来凸显其在解释回归分析所蕴含的假设方面的优势。他首先简洁地列出了这些假设,然后详尽地就每一个假设在实际使用中所要表达的意思及其实质性含义进行了非常出色的文字说明。入门者将会迅速地领会这些假设及其重要性,并知道如何在他们想要解决的实质性问题中评估这些假设。

刘易斯-贝克教授为回归分析的斜率估计和截距估计，以及对它们的解释都提供了简洁明了的处理方法。该书也展示并解释了可用于评估回归直线“拟合优度”的技术，包括对决定系数和显著性检验的讨论，后者呈现于对置信区间的更为一般的讨论之中。对显著检验的讨论包括了单尾检验和双尾检验，因而远胜于大多数初级的应用回归教材。另外一个突出的地方是在回归分析中对残差分析或者误差项的处理，它们的诊断能力在评估回归模型的假设时被清晰地展示出来。

最后，第 3 章介绍了多元回归分析(前面两章仅仅处理了二元回归，复杂的多元回归紧接其后)。在介绍完二元回归的基础上，该书简洁而又清晰地介绍了多元回归的原理。在多元的环境下，二元回归所涉及的每一个要点都被拓展，此外这也在一定程度上考虑了交互效应和多元共线性的复杂性问题。在总结部分，该书还关注了设定错误和测量度，其中包括虚拟变量的分析。在本书中，每一个问题都会通过大量例子来解释。

本书的重要性再怎么强调也不过分。或许回归分析比其他统计技术更能划分社会科学的学科界限。这里没必要列举其用途，因为所有社会科学的研究者，无论是那些尝试实证研究或是希望能紧跟学术前沿的人，都毫不怀疑地认同理解回归分析的必要性。

约翰·L.沙利文

第1章

二元回归：拟合一条直线

社会研究学者经常询问两个变量之间的关系，这样的例子非常多。譬如，男性是否比女性更多地参与政治？工人阶级是否比中产阶级更倾向于自由主义？民主党的国会议员是否比共和党的国会议员花费更多的纳税人款项？失业率的变化是否与总统民意支持率的变化相关联？关于这种常见疑问的具体实例是，“变量 X 与变量 Y 的关系是什么”？答案来自二元回归——一种用一条直线来拟合散点的简单技术。

第 1 节 | 精确关系与非精确关系

两个变量 X 与 Y 可能精确或非精确地关联。在自然科学中,变量之间通常具有精确的关系,最简单的关系是自变量(“原因”)——标记为“X”,以及因变量(“结果”)——标记为“Y”,两者的关系是一条直线,用方程表示为:

$$Y = a + bX$$

其中,系数的值 a 和 b 为这条直线限定了精确的高度和倾斜度。从而,系数 a 被视为截距或者常数,系数 b 被视为斜率。例如,表 1.1 使用一组假设的数据来显示 Y 与 X 是线性的关系,用方程表示如下:

$$Y = 5 + 2X$$

表 1.1　X 与 Y 的完全线性关系

$Y=5+2X$	
X	Y
0	5
1	7
2	9
3	11
4	13
5	15

图 1.1a 显示了这条拟合了表 1.1 数据的直线。我们注意到对于每一个 X 的观测值，有且仅有一个可能的 Y 值。例如，对应于 X 的值为 1，Y 一定是等于 7。如果 X 的值增加一个单位，Y 就会精确地增加 2 个单位。因此，知道了 X 的值，Y 值则能精确地被预测。我们都熟知的一个例子是：

$$Y = 32 + 9/5X$$

其中，华氏温度(Y)是摄氏温度(X)的精确线性函数。

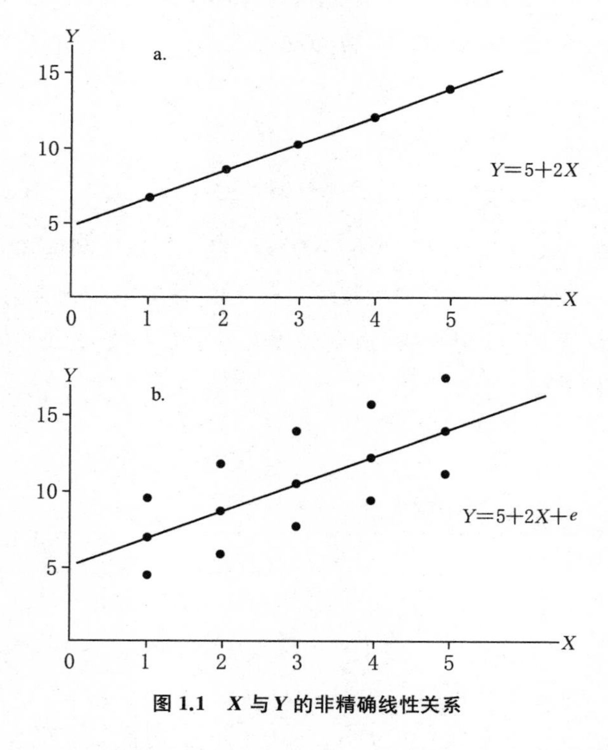

图 1.1　X 与 Y 的非精确线性关系

与上述例子相反，在社会科学中变量之间的关系几乎都是非精确的。更为真实的是，两个社会科学变量之间的线性关系在方程中表示为：

$$Y = a + bX + e$$

其中，e 表示误差。图 1.1b 表达了社会科学数据中的典型线性关系，其方程与表示表 1.1 中那些数据的方程相比增加了一个误差项，

$$Y = 5 + 2X + e$$

误差项承认了预测方程

$$\hat{Y} = 5 + 2X$$

自身并不能完美地预测 Y 值（$\hat{Y}$ 把预测到的 Y 值与观测到的 Y 值区分开来）。每一个 Y 值并不会精确地落在直线上，因此，对于一个给定的 X 值，有可能出现不止一个 Y 值。譬如，当 $X = 1$ 时，我们可以知道预测值 $Y = 7$，但有可能存在一个 $Y = 9$ 的值。换句话说，知道 X 并不意味着可以知道 Y 的值。

这种非精确性不足为奇，例如，假如 X = 参与选举投票次数（自上一次总统选举），Y = 竞选捐献（美元），我们并不能预期那些参与了三次选举投票的人都精确地捐献了同样的金额。然而，我们还是可以预期那些参与了三次选举投票的人很可能比那些参与了一次选举投票的人捐献得更多，但比那些参与了五次选举投票的人捐献得更少。用另一种方式表示就是，个人的竞选捐献金额是其选举参与的线性函数，加上如图 1.1b 所描述的误差项。

第 2 节 | 最小二乘法则

在假定社会科学变量之间的关系时，我们通常假设线性。当然，这种假设并不总是正确的。但至少其作为一个起点，这个假设在某些方面还是合理的。首先，很多关系已经在经验上被证明是线性的；其次，这种线性设定通常是最简单的；第三，我们的理论往往是不够完备的，以至于不足以让我们确定非线性设定的类型；第四，对数据本身的观察可能无法找出一个直线模型以外的替代模型。以下我们将致力于构建变量之间的线性关系，尽管这样，我们仍然需要经常警惕这种关系实际上是非线性的可能性。

鉴于我们希望用一条直线把 Y 与 X 关联起来，随之而来的问题是：在所有可能的直线中，我们应该选取哪一条？在图 1.2a 的散点图中，我们根据下面的预测方程手绘了直线 1：

$$\hat{Y}=a_1+b_1X$$

从中我们可以观察到这条直线并不能完美地预测，例如，直线距离观测点 1 的垂直距离是 3 个单位值。对于观测点 1 或者其他任意观测点 i，预测误差的计算方法是：

$$\text{预测误差}=\text{观测值}-\text{预测值}=Y_i+\hat{Y}_i$$

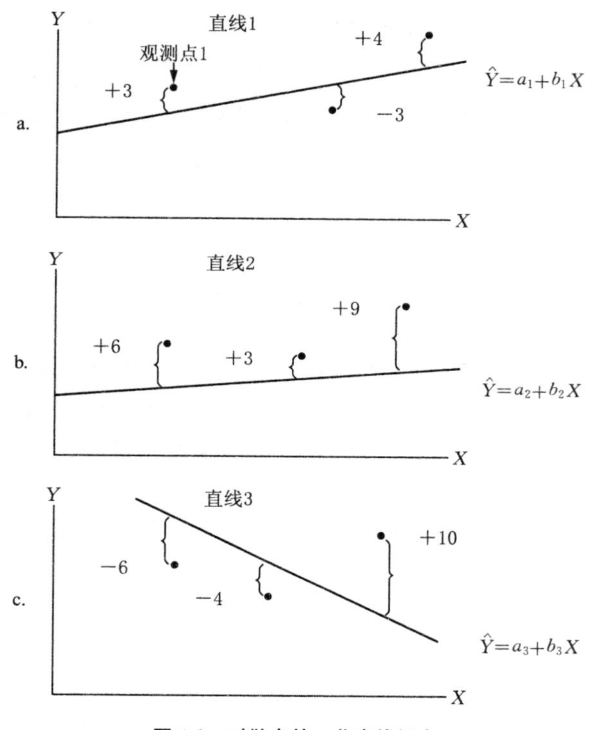

图 1.2 对散点的一些直线拟合

加总所有观测点的预测误差得到总预测误差(TPE),总预测误差 $=\sum(Y_i-\hat{Y}_i)=(+3-3+4)=4$。

直线1在拟合数据上的效果无疑优于直线2(见图1.2b),直线2表示为方程:

$$\hat{Y}=a_2+b_2X$$

直线2的TPE=18。然而,除了直线2以外还存在很多可与直线1比较的直线。直线1是否把预测误差减少到了最小,或者还存在其他直线使得预测误差更小?显然,我们不可能估计散点图上所有可能的直线，于是，我们依赖微积分来找出 a 和 b 的值，进而得到这条具有最小预测误差的直线。

在演示这种方法之前，我们有必要对预测误差的概念作出些许修改。注意，直线 3（见图 1.2c）是由以下方程表示的：

$$\hat{Y} = a_3 + b_3 X$$

其拟合的效果不如直线 1，虽然 TPE ＝0。该例子揭示了 TPE 不足以被用来衡量误差，因为正的误差趋向于抵消负的误差（这里，$-6 - 4 + 10 = 0$）。一个被用来解决这种相反符号问题的方法是对每一个误差都取平方（我们拒绝这种使用误差的绝对值的方案，因为其没有充分考虑较大的误差并且这种计算是不实用的）。那么，我们的目标就是选择这条直线以最小化误差的平方和（SSE）：

$$\text{SSE} = \sum (Y_i - \hat{Y}_i)^2$$

通过使用微积分，我们可以得到最小的平方和，系数为：

$$b = \frac{\sum (X_i - \bar{X})(Y_i - \bar{Y})}{\sum (X_i - \bar{X})^2}$$

$$a = \bar{Y} - b\bar{X}$$

a 和 b 的值即我们的最小二乘估计。

此时在研究案例中应用最小二乘法则是恰当的。假设我们正在研究 Riverside 市（一个假想的位于中西部的中等城市）政府雇员之间的收入差异。初步的访问显示了收入与教育之间的关系，具体而言，那些接受过更高正式教育的人会得到更高的工资。为了验证事实是否如此，我们搜集了相关的数据。

第 3 节 | 数据

我们没有足够的时间与经费去访问这个城市的工资表上所有 306 位政府雇员,因此,我们决定从由这个城市的热心职员所提供的人员列表中抽取一个包含 32 位雇员的简单随机样本,以此作为访问对象[1](样本的符号记做"n",在这里 $n=32$)。表 1.2 列出了我们所获得的有关每一个受访者的当前年收入(记做变量 Y)和正式教育年限(记做变量 X)。

表 1.2　教育和收入的数据

受访者	教育(年)X	收入(美元)Y	受访者	教育(年)X	收入(美元)Y
1	4	6 281	17	12	16 908
2	4	10 516	18	12	18 347
3	6	6 898	19	13	19 546
4	6	8 212	20	14	12 660
5	6	11 744	21	14	16 326
6	8	8 618	22	15	12 772
7	8	10 011	23	15	17 218
8	8	12 405	24	16	12 599
9	8	14 664	25	16	14 852
10	10	7 472	26	16	19 138
11	10	11 598	27	16	21 779
12	10	15 336	28	17	16 428
13	11	10 186	29	17	20 018
14	12	9 771	30	18	16 526
15	12	12 444	31	18	19 414
16	12	14 213	32	20	18 822

第4节 | 散点图

通过简单读取表1.2的数字，我们很难判断是否存在某种教育(X)与收入(Y)之间的关联，然而，当这些数据被展示在散点图上的时候，情况就变得更清晰了。在图1.3中，X轴表示教育水平，Y轴表示收入水平，每一个受访者对应着一个点——X值的垂直线与Y值的垂直线相交处。例如，图1.3的点线设定了第三位受访者的位置——收入为6 898美元，教育年限为6年。

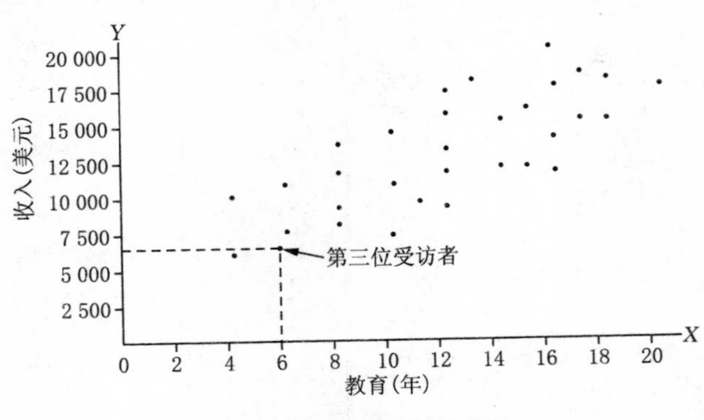

图1.3 教育和收入的散点图

通过目测来检查这张散点图，我们判断这种关系基本上是线性的——更高的教育年限导致更高的收入水平。用方

程表示这种关系,

$$Y = a + bX + e$$

其中,Y = 受访者的年收入(单位:美元),X = 受访者的正式教育水平(单位:年),a = 截距,b = 斜率,e = 误差。

用最小二乘法估计该方程得到:

$$\hat{Y} = 5\ 078 + 732X$$

于是,这条直线最佳地拟合了散点(图 1.4)。通常这个预测方程被视为二元回归方程(进一步地,我们可以说这是 Y 对 X 的回归)。

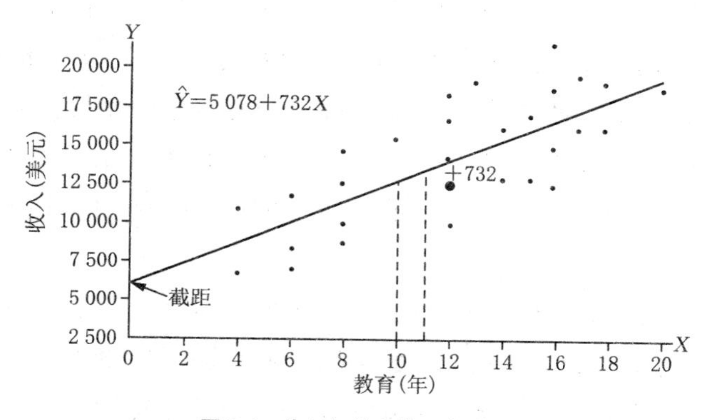

图 1.4　收入与教育的回归直线

第 5 节 | 斜率

对估计量的解释是简单的。首先考虑斜率 b,其估计量表明每一单位 X 的变化所对应的 Y 的平均变化。在 Riverside 例子中,斜率的估计量 732 表示雇员的正式受教育水平每增加 1 年,对应平均年收入增加 732 美元。用另外一种方式表示就是,我们可以预期一个拥有 11 年受教育水平的雇员,其年收入将比只有 10 年受教育水平的雇员多 732 美元。通过研究图 1.4 中 $X=10$ 和 $X=11$ 时 Y 的预测值,我们可以看到斜率如何标示了 1 个单位 X 的变化所引起的 Y 的变化。

注意,斜率仅仅告诉我们 1 个单位 X 的变化所伴随的 Y 值的平均变化。社会科学变量之间的关系是非精确的,即误差项总是存在的。例如,我们不会做这样的假设——认为对于每一个特定的 Riverside 雇员,其每增加 1 年的受教育水平都会精确地增加 732 美元的年收入。但是,当我们大量地观察那些已经获得额外 1 年的受教育年限的雇员时,他们所增加的收入平均值将会是 732 美元。

斜率的估计值表明了由 1 个单位 X 的变化所导致 Y 的平均变化,当然,这里使用因果的说法未必恰当。Y 对 X 的回归有可能支持因果关系的主张,但回归本身并不能建立这种因果关系。要领会这个要点，应注意到对以下方程应用最小二乘法将是一件简单的事情：

$$X = a + bY + e$$

其中，X = 因变量，Y = 自变量。显而易见，这样一个计算练习不会马上逆转现实世界中 X 与 Y 的因果顺序。对变量而言，其正确的因果顺序是由估计程序以外的因素所决定的。在实践中，这基于理论的思考、合理的判断，以及过去的研究。关于 Riverside 的例子，变量的真正因果关系确实反映在我们的初始模型中，即教育年限的变化显然会导致收入的变化。而认为收入的变化导致正式教育年限变化的观点是令人难以置信的。于是，我们可以比较稳妥地推断，增加 1 年的正规教育将导致平均收入增加 732 美元。

第6节 | 截距

a 被称为截距是因为其指示了回归直线与 Y 坐标相交的点。截距估计了当 X 等于 0 时，Y 的平均值，于是，在 Riverside 的例子中，对截距的估计表明了对那些没有受过正规教育的人而言，预期的收入将会是 5 078 美元。这个特定的估计量强调了解释截距时需要注意的地方。首先，我们应当小心避免基于一个超出数据范围的 X 值来预测 Y 值。在这个例子中，最低的受教育水平是四年，因此，推导那些没受过教育的人所对应的收入是一件冒险的事。毫不夸张地说，我们将会作出超越经验范围的归纳，因此这样的结果有可能是无稽之谈。如果我们确实对那些没受过教育的人感兴趣，那么收集他们的数据将是一个明智的选择。

第二个问题是当截距出现负值的时候。当 $X=0$ 时，Y 的预测值将会必然地等于负数。然而，在我们的现实世界中，小于 0 的 Y 值往往是不可能出现的，例如，Riverside 的雇员不可能得到负收入。在这样的例子中，照字面上来看截距是没有意义的。截距的效用将会被限制在一定范围内，以确保一个预测是“正确的”。截距是一个必须附加到斜率项“bX”上的恒量，以确保 Y 能够正确地被预测。从一个企业的经济学角度来做一个类比，截距就代表了“固定成本”，必须连同由其他因素所决定的“变化成本”一起来计算“总成本”。

第7节 | 预测

知道了截距和斜率,我们就可以根据 X 值来预测 Y。例如,如果我们知道了一位 Riverside 雇员的受教育年限为 10 年,那么就可以预测他/她的收入将会是 12 398 美元,如下所示:

$$\hat{Y} = 5\,078 + 732X$$
$$= 5\,078 + 732(10)$$
$$= 5\,078 + 7\,320$$
$$\hat{Y} = 12\,398$$

在研究中,我们可能关心的主要是预测而不是解释。换言之,我们在研究时可能不会直接关心如何辨别那些会引起因变量发生变化的变量,相反,我们可能想要找出那些可以让我们对因变量的值作出准确猜测的变量。例如,在研究选举的时候,我们只是简单地想预测获胜者,而不是关注为什么他们会赢得选举。当然,预测模型与解释模型并不是完全不同。通常情况下,一个好的解释模型将会取得相当好的预测效果。同样,一个准确的预测模型通常是基于因果关系的变量,或者是它们的替代。在构建一个回归模型的时候,研究问题决定了该模型应该侧重于预测还是解释。可以很肯定的一点是,通常社会科学家更强调其解释功能而不是预测。

第 8 节 | 评估解释效能：R^2

回归模型到底能够发挥多大程度的解释（或者预测）效能？更为技术性的说法是，回归方程解释因变量的变化的效果到底如何？初步的判断来自对散点图的视觉观察，当回归直线越靠近数据点时，方程就越能更好地“拟合”数据。尽管“目测”是决定一个模型的“拟合优度”的至关重要的第一步，但显然我们还是需要一个更为正式的测量——决定系数（R^2）。

本部分的讨论从考虑预测 Y 的问题开始。假如我们只有观测的 Y 值，那么最好的预测结果就是估计 Y 的平均值。显然，对每一个个案而言，这样估计的平均值会得到很多糟糕的预测。然而，假设 X 与 Y 是相关的，知道 X 的平均值将会改善我们的预测效能。随之而来的问题是，到底 X 所提供的信息能在多大程度上改善我们对 Y 的预测？

图 1.5 是表示一条回归直线拟合了数据点的散点图。现在我们考虑一个实际案例的预测——Y_1。当忽略 X 值时，对 Y 的最佳猜测将是平均值——$\bar{Y}$。在这个猜测中有大量误差，标记为真实数值与平均值的偏差——$Y_1-\bar{Y}$。但是，通过利用已知的 X 与 Y 的关系，我们能改善预测。对于特定的值——X_1，回归直线预测因变量的值是 $\hat{Y}_1$，这比前面的估计

有明显的改进。于是，回归直线解释了一部分观测值与平均值之间的偏差，具体而言，其“解释”了部分，即 $\hat{Y}_1-\bar{Y}$。尽管如此，我们的回归预测并非完美的，其偏离的数量是 $Y_1-\hat{Y}_1$；这个偏差是未被回归直线所解释的部分。简言之，Y_1 与其平均值的偏差可由以下部分组成：

$(Y_1-\bar{Y})=Y_1$ 与其平均值 $\bar{Y}$ 的总偏差

$(\hat{Y}_1-\bar{Y})=Y_1$ 与 $\bar{Y}$ 的偏差中被解释的部分

$(Y_1-\hat{Y}_1)=Y_1$ 与 $\bar{Y}$ 的偏差中未被解释的部分

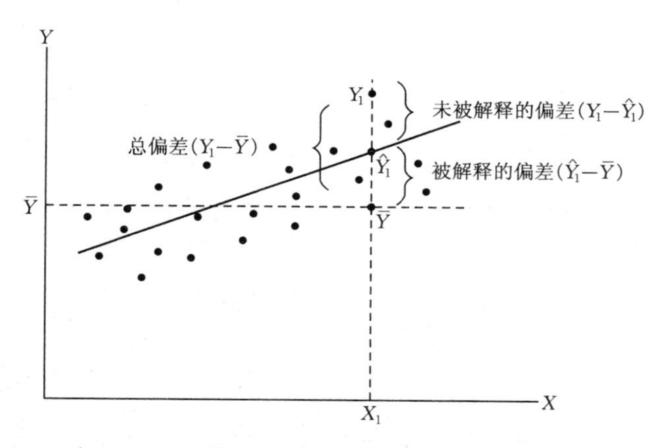

图 1.5　对 Y 的变异的分解

我们可以对研究中的每一个观测计算这些偏差，如果我们先对这些偏差取平方，然后加总，对因变量的变异而言，我们就得到其全部组成部分：

$\sum(Y_i-\bar{Y})^2=$ 总的偏差平方和(TSS)

$\sum(\hat{Y}_i-\bar{Y})^2=$ 回归(被解释)平方和(RSS)

$$\sum (Y_i - \hat{Y}_i)^2 = 残差(未被解释)平方和(ESS)$$

从中,我们得到:

$$TSS = RSS + ESS$$

TSS代表了我们想要解释的因变量的总变异,其又可以被分解成两部分:回归方程解释的部分(RSS)和回归方程未被解释的部分(ESS)(回顾前述最小二乘法保证了残差部分是最小的)。显然,相对于TSS而言,RSS越大表示效果越好,这种思想构成了 R^2:

$$R^2 = RSS/TSS$$

决定系数 R^2 表明了二元回归方程的解释度,其显示了因变量的变异中被自变量所"解释"的部分。R^2 的取值范围从"+1"到"0"。一种极端情况是当 $R^2 = 1$ 时,自变量完全解释了因变量的变异。当所有观测点都落在回归直线上时,只要知道了 X 的值就能毫无偏差地预测 Y 值。图1.6a演示了当 $R^2 = 1$ 时的例子。另外一种极端情况是当 $R^2 = 0$ 时,自变量完全不能解释因变量的变异。此时 X 的信息对预测 Y 值没有帮助,因为这两个变量之间是完全不相关的。图1.6b演示了当 $R^2 = 0$ 时的例子(请注意直线的斜率为0)。通常情况下,R^2 处于两种极端之间,此时,R^2 的值越接近1,回归直线就越好地拟合数据点,更多的 Y 的变异就能够被 X 所解释。在Riverside的例子中,$R^2 = 0.56$,也就是说,教育这个自变量解释了大约56%的因变量——收入——的变异。

在回归分析中,当 R^2 的值较高时,我们几乎总是会感到

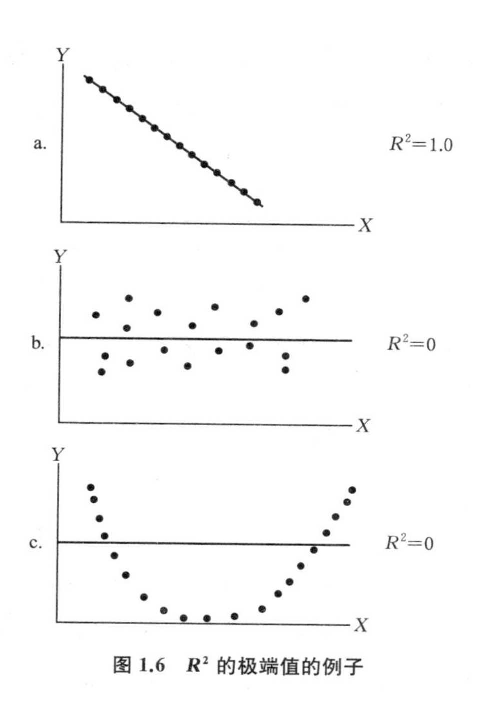

图 1.6　R^2 的极端值的例子

欣喜,因为其表明我们可以解释研究现象中的大部分变异。进一步而言,如果我们想要精确的预测,那么一个高的 R^2 值(大概 0.9)是必不可少的(在实践中,要得到这样一个量级的 R^2 值是比较困难的,因此,定量研究的社会科学家——至少是在非经济学领域,很少做预测)。但是,一个相当大的 R^2 值并不必然意味着我们获得了对因变量的因果解释,而是说,我们仅仅提供了一个统计学上的解释。在 Riverside 的例子中,假设我们用当前的收入 Y,对前一年的收入 Y_{t-1} 进行回归,修正的回归方程如下:

$$Y = a + bY_{t-1} + e$$

此时新方程的 R^2 值将相当大(大于 0.9),但这并不能真正告诉我们什么导致了收入的变化，倒不如说，这仅仅给我们提供了一个统计上的解释。教育作为自变量的原方程，提供了一个对收入变异更为可信的因果解释，尽管其 R^2 值更小——0.56。

即使估计得到的 R^2 很小(小于 0.2)，我们也不至于一定会感到失望，因为小的 R^2 也是有提示意义的，这有可能告诉我们关于这个 R^2 的线性假设是不正确的。当我们转向散点图时会发现，X 与 Y 实际上存在密切联系，但二者是非线性的。例如，图 1.6c 中由连接数据点组成的曲线(抛物线)说明了 X 与 Y 之间存在一个完美的关系(即，$Y = X^2$)，但 $R^2 = 0$。然而，假设我们排除非线性，此时一个小的值仍然可以揭示 X 确实有助于解释 Y，但只是贡献了一小部分。最后，一个极端小的 R^2(接近 0)当然会提供非常有用的信息，因为这暗示了实际上 Y 与 X 之间不存在线性关系。

对 R^2 的解释需要注意的最后一点是，假设我们对两个来自不同总体——标记为 1 和 2——的样本估计同一个二元回归模型(例如，我们想要比较分别来自 Riverside 和 Flatburg 的收入—教育模型)。即使对于每一个模型的参数估计是一样的，样本 1 的 R^2 与来自样本 2 的 R^2 也可能不同。这也简单地暗示了变量之间的结构关系是一样的($a_1 = a_2$，$b_1 = b_2$)，但是样本 2 的可预测性更低。换句话说，相同的一个方程为两个样本都提供了可选的最佳拟合，但是在第二个实例中，其作为因变量的一个整体解释不太令人满意。事实上，这是很明确的，正如我们从图 1.7a 和图 1.7b 的比较所看到的,图 1.7a 的数据点更加紧凑地聚集在回归直线周围,这表明模型有更好的拟合度。因此,自变量 X 在样本 1 中比在样本 2 中有着更为重要的决定作用。

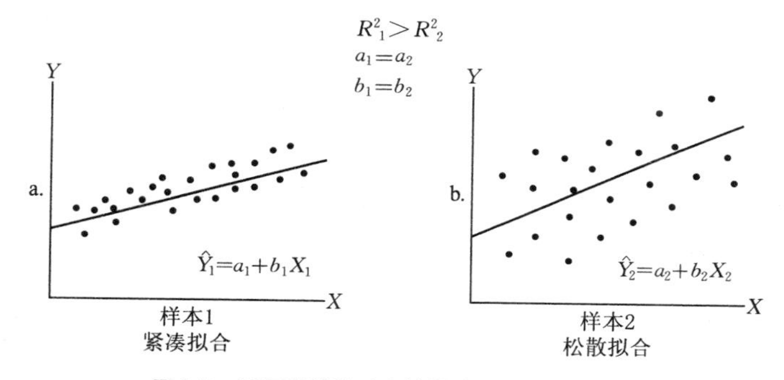

图 1.7　回归直线所对应的紧凑拟合与松散拟合

第 9 节 | R^2 与 r

决定系数 R^2 与相关系数的估计量 r 之间的关系可以简单地表示为：

$$R^2 = r^2$$

这个等式表明了 r 作为一个常用的关系强度的指标在这里可能出现的问题，即，r 有可能夸大了 X 与 Y 之间关系的重要性。[2] 例如，一个 0.5 的相关系数向粗心大意的读者暗示了一半的 Y 被 X 所解释，因为一个完全相关是 1.0。实际上，我们知道 $r=0.5$ 意味着 Y 的变异仅仅被 X 解释了 25%（因为 $r^2=0.25$），即还有 3/4 的变异没被解释（只有在 $r=\pm 1$ 或者 0 这样的极端情况下，r 才会等于 R^2）。依赖 r 而不是 R^2，会使得 X 对 Y 的影响看起来比实际上更大。因此，想要评估因变量与自变量之间关系的强度，R^2 是首选。

第2章

二元回归：假设与推断

回顾一下前述 Riverside 研究的回归结果只是基于一个城市雇员的样本($n=32$),因为我们的目的是准确推断真实的总体截距与斜率参数,因此二元回归模型应该满足特定的假设。对总体而言,二元回归模型为:

$$Y_i = \alpha + \beta X_i + \varepsilon_i$$

其中希腊字母表明这是总体的方程,并且下标 i 表示第 i 个观测。通过样本计算

$$Y_i = a + bX_i + e_i$$

为了能够从样本值 a 和 b 准确地推断真正的总体值 α 和 β,我们做以下假设。

第1节 回归假设

1. 没有设定错误。

(1) X_i 与 Y_i 的关系是线性的。

(2) 没有相关的自变量被排除在外。

(3) 没有不相关的自变量被包括进来。

2. 没有测量误差。

(1) 变量 X_i 与 Y_i 都是准确测量的。

3. 以下假设关注误差项 ε_i:

(1) 均值为0: $E(\varepsilon_i)=0$。

① 对于每一个观测而言,误差项的期望值为0(我们使用符号 $E(\quad)$表示期望值——对于一个随机变量而言,简单地等同于平均值)。

(2) 同方差性: $E(\varepsilon_i^2)=\sigma^2$。

① 对于所有 X_i 的值,误差项的方差是常数。

(3) 不存在自相关: $E(\varepsilon_i\varepsilon_j)=0(i\neq j)$。

① 误差项是不相关的。

(4) 自变量与误差项不相关: $E(\varepsilon_i X_i)=0$。

(5) 正态性。

① 误差项 ε_i 是正态分布的。

当假设 1 到假设 3(4)都被满足的时候，我们将会得到关于总体参数——α 和 β 的理想估计值。从技术上来说，这些估计值将是“最优线性无偏估计”，即 BLUE(一般而言，一个无偏的估计量正确地估计了总体参数，即 $E(b)=\beta$。例如，假如我们从总体中重复取样，每次都重新计算 b 值，我们将预期所有 b 值的平均数等于 β)。假如正态性假设，即 3(5)也成立，那么该估计就是“最优无偏估计”，这时我们就可以进行显著性检验，以决定总体参数的值不为 0 的概率。接下来我们将更为详细地介绍每一个假设。

第一个假设，没有设定错误非常关键。概括来说，其断言方程所包含的理论模型是正确的。也就是说，关系的函数形式实际上是一条直线，没有变量错误地被排除出去或者错误地被作为“原因”包括进来。让我们检查 Riverside 的案例中的设定错误，对散点图(图 1.4)的形状所做的目测检查，以及 $R^2=0.56$，都表明这种关系基本上是线性的。然而，很可能相关的变量被排除了，因为教育以外的因素毫无疑问会影响收入。这些其他因素应该被识别并加入到方程里，以提供一个更为完整的解释并在考虑其他额外因素的前提下评估教育的影响(我们将在下一章继续这部分工作)。设定错误的最后一个方面——包括了不相关变量，认为教育可能并不是真的与收入相关。要想估计这一可能性，我们将进行显著性检验。

第二个假设，没有测量误差，这个要求是不言而喻的。如果我们的测量都是不准确的，那么我们的估计很可能是不准确的。例如，在 Riverside 研究中，假如在教育这个变量的测量上，受访者倾向于报告他们想要获得的受教育年数，而不是他们实际上已经获得的受教育年数。如果我们用这样一个变量来代替实际上已经获得的教育年数,误差就不可避免了,并且得到的回归系数不能反映实际教育对收入的影响。当分析者不能完全地排除测量误差的可能性时,那么该估计问题的大小取决于误差的性质和位置。如果只有因变量出现测量误差,只要误差是“随机的”,那么最小二乘估计可能仍然是无偏的。然而,如果自变量出现测量误差,那么最小二乘法将是有偏的,在这样的环境下,所有解决方案都是有问题的。最经常被引用的方法是工具变量估计,但是这并不能保证可以还原到无偏的参数估计。

第三个假设涉及误差项。该部分的第一个条件——0均值——是很少被关注的,因为不管怎样,斜率的最小二乘估计是不变的。真实的情况是,如果这个假设不成立,那么截距的估计将会是有偏的。尽管如此,因为截距估计在社会科学研究中是次要的关注点,这个偏差的潜在来源是相当不重要的。

与上述问题比较,违反同方差性假设会产生更严重的后果。尽管最小二乘估计仍然是无偏的,显著性检验和置信区间将会是错误的。检查图1.4中Riverside的研究例子,同方差性将会满足,因为预测误差的方差随着X值的变化差不多是常量,即数据点围绕在回归直线上下方一段相同宽度的范围内。如果数据点随着X值的增加在回归直线上呈扇形散开,那么同方差假设将不成立,异方差将会出现。针对这个问题,我们建议的解决方案是运用加权最小二乘法(异方差的诊断将会在考虑残差分析的时候被进一步讨论)。

不存在自相关的假设意味着一个观测所对应的误差项

与其他观测所对应的任意误差项都是不相关的。当自相关存在时，最小二乘估计仍然是无偏的，然而，显著性检验与置信区间都是无效的。通常，显著性检验更有可能显示一个系数是统计上显著的，而事实上并非如此。相比横截面变量（同一个时点上对应不同统计单位的单一观测，正如Riverside的例子所示），自相关更为频繁地出现在时间序列变量中（同一个统计单位随着时间变化的重复观测）。对于时间序列数据，要满足不存在自相关的假设，则要求前一个时点的观测所对应的误差项与后一个时点的观测所对应的误差项都不相关。如果我们把方程中的误差项在某种程度上设想为那些被排除在回归模型以外的解释变量，那么，不存在自相关暗示着那些在第一年影响 Y 的因素，与那些在第二年影响 Y 的因素是独立的。[3] 显然，这个假设往往是站不住脚的（有关时间序列分析的研究已经有大量的文献，其中一篇优秀的介绍文献可参阅 Ostrom，1978）。

接下来的假设，自变量与误差项不相关，在非试验研究中是很难满足的。我们通常不能如实验者那样随意设置 X 的值，而只能观察 X 在社会中所呈现出来的值。如果观察到的这个 X 变量与误差项相关，那么最小二乘法的系数估计将会是有偏的。检验违反这种假设的最简单方法是把误差项作为一系列被排除的解释变量进行评估，其中的每一项都可能与 X 相关。回到 Riverside 的例子中，误差项将会包括除教育以外的收入决定因素，如受访者的性别。如果解释变量“教育”与解释变量“性别”是相关的，而后一个变量又被排除在方程以外，那么在二元回归中对教育这个变量估计斜率的时候，其结果是有偏的。系数 b 将会偏大，因为教育这个变量被用来解释收入变异中本应该由性别差异所解释的那部分。我们将要采用的补救方法是合并缺失变量到模型中(如果由于某些原因使得一个解释变量无法被合并进来,那么我们必须要相信这个假设:在模型中作为误差项的一部分,这个解释变量与自变量实际上是不相关的)。

最后一个假设,误差项是正态分布的。因为 Y_i 与 ε_i 的分布是一样的(只有它们的均值不同),通过简单地考虑 Y_i 的分布将使我们的讨论变得更为方便。符合正态分布的变量,其频数分布呈现对称的钟形,并且95%的观测落在均值的左右两个标准差内。回到Riverside的例子,收入变量(Y_i)的每一个观测都可以绘制在一个频数多边形里,以便我们对其正态性进行目测检查。或者,就快速的初步检查而言,我们可以分别计算大于均值和小于均值的观测数目,并预计其大约平均分布在两侧(实际上,分别各有16个观测大于和小于均值13 866美元,这暗示了样本符合正态分布)。此外,一个更为正式的测量是偏态统计(skewness statistic),其考虑频数分布的所有信息,用公式表示:

$$偏态 = \frac{\sum \left(\frac{y_i - \bar{y}}{s_y} \right)^3}{n}$$

如果分布是正态的,那么偏态=0。就我们的收入变量而言,计算偏态的结果为−0.02,说明了分布几乎是正态的。

关于违反回归假设的严重性这个问题,统计学方面的文献存在一些争议。一种极端情况是,研究者认为回归分析是"稳健的",违背假设不会从实质上影响参数估计。这种"稳健"回归的观点被克林格和佩德黑泽(Kerlinger & Pedhazar,

1973)所采用。另一种极端的情况是,一些人感觉违背回归假设使得回归结果变得几乎无用。毕比(Bibby, 1997)的研究提供了一个例子来说明回归分析脆弱的一面。显然,一些假设比其他假设更为稳健。比如,当样本足够大的时候,正态性假设则可以被忽略,因为此时中心极限定理就被调用了(中心极限定理表明这些自变量——我们可以设想误差项作为代表——的分布随着样本量的增大趋向于正态性,而不管总体是如何分布的)。相对而言,设定错误的出现,例如排除了相关变量,会产生更为严重的估计问题,其解决方法只能通过向模型中添加被遗漏的变量。对于那些想要全面理解回归假设的这种争议的读者,可以参考博恩施泰特和卡特(Bohrnstedt & Carter, 1971)的文章。关于回归假设更为高级的处理方法,可以从计量经济学的教科书上得到,我在这里列出这些教科书以增加难度:科勒建和奥茨(Kelejian & Oates, 1974)、平代克和罗宾费尔德(Pindyck & Rubinfeld, 1976),以及克曼塔(Kmenta, 1971)的著作。

第2节 | 置信区间与显著性检验

因为社会科学数据总是包含样本，我们担心我们的回归系数是否在总体中实际上等于0。具体而言，斜率(或者截距)会显著地不为0吗？当然，我们可以检验参数估计是否显著地不等于0以外的其他数值；然而，我们通常不会有足够的信息来提出这样一个具体的数值。正式地说，我们面对两种基本假设：虚无假设与备择假设。虚无假设表明X与Y是不相关的，因此，在总体中斜率β为0。备择假设表明X与Y是相关的，因此，斜率在总体中不为0。总之，我们有

$$H_0: \beta = 0 \text{(虚无假设)}$$

$$H_1: \beta \neq 0 \text{(备择假设)}$$

想要检验这些假设，我们围绕斜率估计b来构建一个区间，最常用的是双尾95%的置信区间：

$$(b \pm t_{n-2;\ 0.975}\, s_b)$$

如果0不落在这个区间内，那么在95%的置信度下，我们就拒绝虚无假设并接受备择假设。换一种说法，我们可以归纳斜率估计b在0.05的水平下显著地不为0(与一个特定置信区间相关的统计显著水平可以简单地由1减去置信水平得到，例如$1-0.95=0.05$)。

为了使用这个置信区间，我们必须明白公式的各个部分，而这些都是很简单的。s_b 是斜率估计 b 的标准差的一个估计，其通常被称为标准误，这很好地衡量了斜率估计的偏离程度。标准误的公式为：

$$s_b = \sqrt{\frac{\sum (Y - \hat{Y})^2/(n-2)}{\sum (X - \bar{X})^2}}$$

计算机统计软件例如 SPSS，其在估计回归方程时通常都会输出这样的标准误。

因为 s_b 是一个估计量（我们很少真正知道斜率估计的标准差），从技术层面看，使用正态曲线来为 β 构造一个置信区间是不正确的。然而，我们可以使用自由度为$(n-2)$的 t 分布（t 分布相当接近正态分布，尤其是当 n 变得很大的时候——大于 30）。几乎所有的统计教科书都附有 t 分布表。

置信区间公式的最后一个组成部分是其下标“0.975”。这里仅仅是表明我们使用 95%的置信区间，但在这里是双尾的。一个双尾检验意味着关于 X 对 Y 的影响这个假设是没有方向的；例如，当 b 显著为正或者显著为负时，则上述的备择假设 H_1 均成立。

假如我们现在为 Riverside 的回归系数构造一个双尾 95%置信区间，则有

$$\hat{Y} = 5\,078 + 732X$$
$$(1\,498) \quad (118)$$

其中，括号中的数字表示参数估计的标准误。设定样本大小为 32，参考 t 分布表得到：

$$t_{n-2;\,0.975}=t_{32-2;\,0.975}=t_{30;\,0.975}=2.04$$

因此,一个 β 的双尾 95%置信区间是:

$$(b\pm t_{n-2;\,0.975}s_b)=732\pm 2.04(118)=(732\pm 241)$$

总体的斜率 β 的值在 491 美元与 973 美元之间的概率是 0.95。因为 0 不在这个区间内,我们拒绝虚无假设。我们可以说斜率的估计 b 在 0.05 的水平下显著地不为 0。

以同样的方式,我们为截距 β 构造一个置信区间。继续 Riverside 的例子,

$$(a\pm t_{n-2;\,0.975}s_a)=5\,078\pm 2.04(1\,498)=(5\,078\pm 3\,056)$$

显然,截距的双尾 95%置信区间不包含 0。我们拒绝虚无假设并断言截距的估计 a 在 0.05 的水平下显著地不为 0。从图形看,这意味着我们排除了回归直线穿过原点的可能性。

除了提供显著性检验,置信区间还让我们可以展示参数估计的范围。在二元回归方程中,b 是一个点估计,即特定值。与此相反,置信区间提供一个区间估计,表明总体的斜率 β 落在一个值域里面。我们可能更愿意选择区间估计而不是点估计,例如在 Riverside 的例子中,β 的点估计是 732 美元,虽然这是我们做出的最优估计,但是在报告这个结果的时候,我们只是说每增加 1 年的教育会增加大约 732 美元的年收入。区间估计可以让我们对这种谨慎的说法规范化,这样我们能够肯定地说,存在 95%的确定性,使得每增加 1 年的受教育水平,年收入获得从 491 美元到 973 美元不等的增长。

在 Riverside 例子的分析中,在 95%置信区间下我们拒绝了收入与受教育水平无关这样一个虚无假设。虽然如此,

我们知道仍然有5%的机会使得我们的判断是错误的。事实上,如果虚无假设是正确的,而我们在这种情况下拒绝了它,那么我们就犯了第一类错误。想要避免第一类错误,我们可以采用99%的置信区间,这样使得我们扩大虚无假设的接受范围。一个β的双尾99%置信区间为:

$$(b \pm t_{n-2;\,0.995}\, s_b)$$

应用到Riverside的例子,

$$732 \pm 2.75(118) = (732 \pm 324)$$

这些结果提供了一些证据表明了我们没有犯第一类错误。一个更宽的置信区间并没有包括0在内。我们继续拒绝虚无假设,但是在一个更大的置信区间下。我们可以进一步地说,在0.01的水平下斜率估计b在统计上是显著的(避免第一类错误的努力涉及取舍的问题,因为这使得犯第二类错误——当虚无假设是错误的时候接受它——的概率不可避免地上升。第二类错误将在接下来的部分被讨论)。

第 3 节 | 单尾检验

到目前为止，我们都是集中在双尾检验，

$$H_0: \beta = 0$$

$$H_1: \beta \neq 0$$

虽然不常见，但是在研究过程中对事件的熟悉将有助于我们判断斜率的符号，在这样的情况下，单尾检验可能更为合理。回到 Riverside 的例子，我们不会说斜率的符号为负，因为这意味着增加受教育年限实际上降低了收入水平。因此，一个更为现实的假设是：

$$H_0: \beta = 0$$

$$H_1: \beta > 0$$

应用单尾 95% 置信区间得到：

$$\beta > (b - t_{n-2;\,0.95}\, s_b) = 732 - 1.70(118)$$

$$= (732 - 201) = 531$$

区间的下限大于 0。因此，我们拒绝虚无假设并推断在 95% 置信区间下斜率为正。

与双尾检验不同，一旦我们设定好了置信区间，单尾检验的统计显著性就变得更为容易（双尾检验置信区间更加倾向于捕捉到 0，如 Riverside 案例中，双尾检验和单尾检验的区间下限分别是 491 美元和 531 美元）。这也符合我们的直觉，因为这考虑到研究者先验知识，其排除了一半的可能性。

第4节　显著性检验：一个经验法则

回想一下β的95%置信区间的双尾检验，其公式为：

$$(b \pm t_{n-2;\,0.975}\, s_b)$$

如果这个置信区间不包含0，我们推断b在0.05的水平下是显著的。我们观察到置信区间不包含0，如果b的值是正的，

$$(b - t_{n-2;\,0.975}\, s_b) > 0$$

或者如果b的值是负的，

$$(b + t_{n-2;\,0.975}\, s_b) < 0$$

这些要求可以重新定义为：

$$\text{当 } b \text{ 为正，} b/s_b > t_{n-2;\,0.975}$$

或者

$$\text{当 } b \text{ 为负，} b/s_b < t_{n-2;\,0.975}$$

简言之，我们可记为：

$$|b/s_b| > t_{n-2;\,0.975}$$

当用参数估计b除以它的标准误s_b，并对结果取绝对值后，其结果大于t分布值$t_{n-2;\,0.975}$的时候，我们拒绝虚无假设。于是，一个0.05水平下的显著性双尾检验可以通过检查这个

比率来控制。如果读者可以观察到 t 分布的值接近 2——对任意大小的样本，该检验就可以进一步简化。例如，当样本大小为 20 时，$t_{20-2;\ 0.975}=t_{18;\ 0.975}=2.10$。对比之下，如果样本是无限大的，这时候 $t_{\infty;\ 0.975}=1.96$。这个由 t 分布得到的较小的值域可以让我们设定以下经验法则。如果

$$|b/s_b|>2$$

那么，参数估计 b 在 0.05 水平下的双尾检验是显著的。

这个 t 值在各种统计分析的计算机程序中通常都会输出在回归结果中。否则，我们也很容易通过用 b 除以 s_b 计算得到。t 值为显著性检验提供了一个有效的方式，并且，研究人员经常使用 t 值来做显著性检验。当然，当我们需要更精确的分析时，就需要经常查看 t 表。以下是 Riverside 例子中的二元回归模型，参数估计下面的括号里列出了 t 值：

$$\hat{Y}=5\,078+732X$$
$$(3.39)\quad(6.23)$$

快速浏览 t 值，可见其大于 2，于是我们马上推断在 0.05 水平下，a 和 b 都是统计上显著的。

第 5 节 | 参数估计不显著的原因

有很多原因使得参数估计是不显著的。为了在某种程度上缩小这个讨论的范围，我们假设数据包含了概率抽样并且变量都是正确测量的。这时，b 被发现是不显著的，其最明显的理由是 X 不是 Y 的一个原因。然而，假如我们怀疑这个简单的结论，以下列出了一些为什么我们会发现统计不显著的原因，即便 X 与 Y 在事实上是相关的：

（1）样本量不足；

（2）第二类错误；

（3）设定错误；

（4）X 的方差受到限制。

接下来，我们按顺序评估这四个可能性（第五个可能性是高度多重共线性，我们将会在多元回归中讨论）。

随着样本量的增大，一个给定的系数就越可能是显著的。例如，Riverside 例子中，如果只有五个观测，二元回归的 b 值是不显著的（0.05），但当 $n=32$ 的时候则是显著的。这也表明了研究人员值得为此收集更多的观测，因为这样更容易找出总体中 X 与 Y 的关系，如果这种关系存在。事实上，在一个很大的样本中，即便 b 的值是相当小的，我们也能发现其在统计上是显著的（对于很大的样本，如在有 1 000 或

1 000 以上观测的选举调查中，显著性有可能“太容易”发现了，因为很小的系数都可以是统计上显著的。在这种情况下，分析人员可能倾向于主要依赖对系数重要性的实质性判断）。

让我们假设样本量是固定的，并转到选定置信度的问题，因为这关系到第二类错误。原则上，我们可以把显著性检验的置信度设定为 0 与 1 之间的任意值。然而，在应用中多数社会科学家采用 0.05 或者 0.01 的水平。为了避免被批判为存在随意性或者偏颇，通常我们在开始分析之前从常规的标准中选择一个。例如，假定在开始研究之前我们选定了 0.01 的置信水平，通过分析我们发现在 0.01 的水平下 b 是不显著的，但是我们发现在较低要求的 0.05 水平下是显著的。我们可能不愿意接受虚无假设，正如 0.01 水平检验所规定的那样，尤其是当理论和之前的研究都揭示 X 的确影响 Y 的时候。从技术上来说，我们担心是否犯了第二类错误——当虚无假设错误时，我们接受虚无假设。最后，我们可能更愿意接受 0.05 检验的结果（在这个特殊的例子里，根据理论的强度和之前的研究，可能我们应该在一开始的时候就把显著性检验设置在一个要求更低的 0.05 水平上）。

除了第二类错误，也有可能是由于方程式错误地设置了 X 与 Y 之间的关系，从而导致 b 不显著。可能这种关系是曲线，而非回归直线所假定的那样一条直线。第一，这条曲线应该在散点图上就可被发现。要建立这样一条曲线下的统计显著性，回归分析可能仍然适用，但是变量需要做一些正确的转换（我们会在本章的最后继续这样一个转换的例子）。

最后，一个参数估计有可能是因为 X 的方差受到限制，从而导致其不显著。回到之前计算 b 的标准误 s_b 的公式。

$$s_b = \sqrt{\frac{\sum (Y - \hat{Y})^2 / (n-2)}{\sum (X - \bar{X})^2}}$$

我们可以看到随着 X 相对于其均值的离散程度下降，其式中的分母减少，进而 b 的标准误增加。在其他条件不变的情况下，一个大的标准误使得统计显著性更难实现，正如 t 值公式所展示的那样。这里的含义就是 b 可能存在的统计不显著仅仅是因为 X 的变化太小（X 的变化程度可以简单地通过计算它的标准差来进行检查）。在这种情况下，研究者在作出 X 与 Y 是否显著相关的肯定结论之前，可能会先尝试收集更多 X 的极端值。

第6节 | Y 的预测误差

在回归分析中，特定因变量的观察值与估计值之间的差异 $Y_i - \hat{Y}_i$ 等于其预测误差。对于围绕着回归直线的所有预测误差，其变异的估计值可以表示为：

$$s_e = \sqrt{\frac{\sum (Y_i - \hat{Y}_i)^2}{n-2}}$$

s_e 被称为 Y 估计值的标准误，即 Y 的实际值偏离其估计值的标准差。于是，Y 估计值的标准误在预测 Y 时提供了一种平均误差。进一步来说，在给定 X 值的时候，可以构造一个 Y 的置信区间。对于一个任意大小的样本量，若 t 分布值接近 2，那么我们就可以为 Y 构造一个 95%的置信区间：

$$(\hat{Y} \pm 2s_e)$$

下面举例说明。在 Riverside 的研究中，我们预测具有 10 年受教育水平的人将会得到的收入水平是：

$$\hat{Y} = 5\,078 + 732(10) = 12\,398$$

那么这个预测有多准确呢？对于 $X = 10$，我们有如下 95%置信区间（$s_e = 2\,855$）：

$$12\,398 \pm 2(2\,855) = (12\,398 \pm 5\,710)$$

根据这个置信区间，存在一个0.95的概率使得一个具有10年受教育水平的城市雇员获得从6 688美元到18 108美元之间的收入。这不是一个小的数值区间（极大值几乎是极小值的三倍）。可以推断对于给定的 X 值，我们得到的二元回归直线并不能很准确地预测 Y 值。这样的结果也就不足为奇了。回想一下，根据 $R^2=0.56$，这个模型只解释了 Y 的一半变异。要想大幅降低预测误差，我们的 R^2 需要变得更大。

最后值得一提的一点是，上述利用 s_e 得到的置信区间提供了一个"平均的"置信区间。实际上，随着 X 的值远离其均值，围绕 Y 值的实际置信区间倾向于变得更大。于是，对于越是极端的 X 值，上述的置信区间将会在某种程度上比其实际值越窄。对于构建更为精确的置信区间，已经有现成的公式（参见 Kelejian & Oates，1974：111—116）。

第 7 节 | 残差分析

从回归模型得到的预测误差 $Y_i-\hat{Y}_i$，也被称为残差。对这些残差的分析可以有助于我们察觉违背某些回归假设的情况。在对残差的视觉检查中，我们希望观察到一个类似于图 2.1a 那样的正常模式；即，数据点随机地散落在回归直线上下且位于一条等宽的稳定波段上。遗憾的是，我们还是会发现一些有问题的模式，其类似于从图 2.1b 到图 2.1d 那样的其中一种。下面，我们将依次考虑这些有问题的模式。

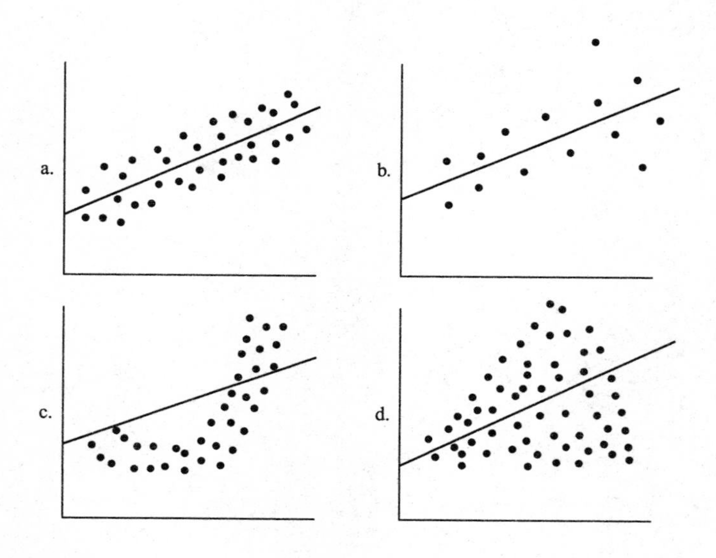

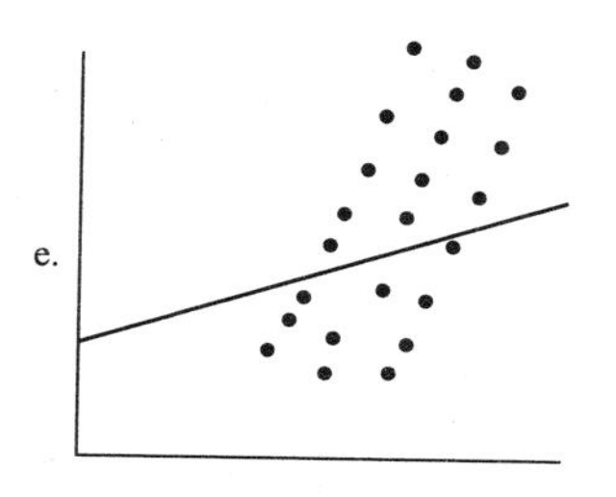

图 2.1　一些可能的残差分布

我们以最容易察觉的奇异点开始。在图 2.1b 中,有两个观测具有非常大的残差,其位置远离回归直线。至少对这些观测而言,线性模型提供了非常差的拟合。通过观察一个具体的例子,我们能够详细地发掘奇异点所产生的后果。在 Riverside 的研究中,假如我们在数据编码的时候粗心大意并分别记录了受访者 29 和 30 的收入为 30 018 美元和 36 526 美元(而不是正确的值——20 018 美元和 16 526 美元)。被调整过并且包括了这些错误值的散点图看起来如图 2.2。通过拟合一条回归直线,我们可见受访者 29 和 30 变成了奇异

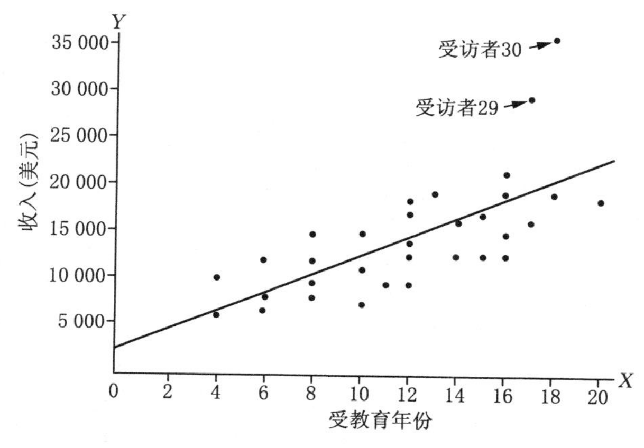

图 2.2　存在奇异值时所拟合的回归直线

点，其残差分别为 10 112 和 15 599。此外，大致地检查残差我们可以发现，其分布围绕直线是不平衡的，其中有 20 个负的残差，但是只有 12 个正的残差。估计的回归等式和统计量如下：

$$\underset{(2\,438)}{\hat{Y} = 2\,557} + \underset{(191)}{1\,021X} \quad \text{（包括奇异点的数据）}$$

$$R^2 = 0.49 \quad n = 32 \quad s_e = 4\,647$$

其中括号里面的数字表示参数估计的标准误，R^2＝决定系数，n＝样本量，s_e＝Y 估计值的标准误。

奇异点的存在对我们的发现有什么作用？通过比较这些“奇异点数据”的估计与“原数据”的估计，我们得到一个好想法。这里重复“原数据”的估计方程如下：

$$\underset{(1\,498)}{\hat{Y} = 5\,078} + \underset{(118)}{732X} \quad \text{（原数据）}$$

$$R^2 = 0.56 \quad n = 32 \quad s_e = 2\,855$$

这里，各项定义等同于上述对奇异点数据的估计。首先，注意当尝试容纳奇异点的时候，“奇异点”方程的斜率明显提高。然而，通过比较 b 的标准误，我们发现奇异点的斜率估计在精度方面有更低的置信度。一个下降了的 R^2 总结了奇异点模型通常会更差地拟合数据点这样的事实。通过比较 Y 估计值的标准误，由奇异点的存在而导致的预测困难被显著地揭示出来，这显示了在奇异点方程中预测误差是原数据方程的 1.5 倍。

这些统计量表明奇异点的存在明显地减弱了我们对 Y 的解释。一般如何来调整奇异点的呢（我们这里指的是实际

的奇异点,而不是那些能够被更为仔细的编码所修正的奇异点,如我们教学的例子所示的那样)? 最少有四种可能性:

(1) 排除离群的观测。

(2) 报告两个方程,一个包括奇异点,另外一个不包括。

(3) 变量转换。

(4) 收集更多的数据。

每一种可能性均存在利弊。第一种调整方法简单地通过剔除奇异点而忽略这个问题,其主要的缺陷是减少了样本量以及丢失了其附加的信息。第二种调整方法保留了在第一个调整方法中可能丢失的信息,然而,让问题变得很麻烦的是,我们必须考虑同一个模型在实证上的两个版本。第三种调整方法仅仅使用一个方程,其保留了所有样本并且能够让奇异点更接近回归直线,然而,这样的结果可能会牺牲以原来的单位衡量时所可能具有的简单明了的解释。第四种调整方法可能揭示奇异点并不是非典型的个案,而是实际上拟合到一个更为一般的模式——可能是非线性。一个明显的限制是在非实验的社会科学研究中,我们不可能收集更多的观测。没有哪一种调整方法适合所有情况,相反,在决定如何处理一个奇异点的问题时,我们必须考虑研究的问题和特定的散点图所呈现的外观。

图 2.1c 到 2.1e 展示了更为反常的残差图。奇异点可能暗示了曲线性,而图 2.1c 清晰地展示了这种分布。因为回归假设线性,所以在这种情况下我们的估计就不是最佳的。显然,沿着 X 值的范围,每一单位 X 的变化不会引起 Y 发生同样的反应(如 b)。非线性可以有几种方法来处理这个问题,例如,我们可以在方程中引入一个多项式,又或者是对其中

一个变量进行对数转换。当然，选用哪一种方法取决于特定散点图的外形。

图 2.1d 说明其违背了回归假设中的同方差性。我们观察到误差的方差不是恒定的，而是取决于 X 值，即，随着 X 值增加，残差的变异也增加。这里异方差的情况有可能通过加权最小二乘法来修正，其方法涉及转换以恢复残差误差的恒定性。

图 2.1e 展示了残差与 Y 的预测值之间的线性关系，即随着 Y 的增加，残差的符号由负变为正。这意味着存在排除了相关变量这种形式的设定错误，例如，那些具有正的残差的观测可能同时拥有某些共同特征，使得它们的 Y 值比预期值偏大。如果这个共同的特征能够被发现，那么这就说明方程还有另外一个自变量。

既然有了上述三幅图（图 2.1c、图 2.1d 和图 2.1e），也许我们应该分析 Riverside 研究中的残差（我们已经修正了产生奇异点的编码错误）。当然，这些残差可以简单地通过观察围绕回归直线的散点来进行检查，正如迄今为止我们所做的那样。然而，我们有时候想用一张特别的图来突出它们，图 2.3 展示了这样的图，其中残差值标记在纵轴，Y 的预测值标记在横轴。这里的残差图没有表现出任何如图 2.1c 到图 2.1e 那样的模式，残差既没有表现出曲线的形状，也没有形如异方差那样的“扇形”。此外，如果存在设定错误，这并不能通过对这些残差进行分析而发现。总而言之，图 2.3 所示的残差分布表现为无异常，由水平直线对半分割的宽带状。这个视觉印象也得到了数量上的确认，一个简单的符号计算揭示了一个围绕直线的明显的平衡分布（17 个负的残差，15 个正的残差）。进一步说，所有的残差都是散落在一个围绕直线的条带上，其偏离直线或正或负的 Y 预测值的两个标准误。

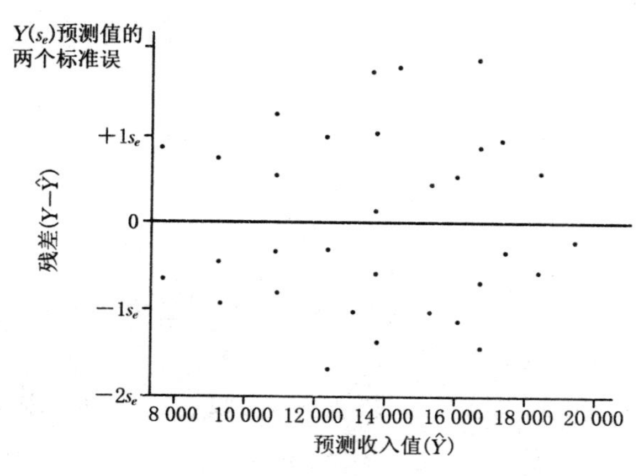

图 2.3　残差图

第8节 对采煤业死亡事故的安全执法的效果：一个二元回归案例

现在是时候把我们前面学到的知识运用到现实世界的数据中了。一个当下的公共政策争议涉及联邦政府能否管制工作场所的安全。在1970年的《职业安全与健康法案》(Occupational Safety and Health Act)通过之前，联邦政府涉及的职业安全管理仅限于采煤业。研究这种实施了35年的干预行为有可能揭示其成功的前景。我们研究的具体问题是："联邦政府的安全执法到底有没有降低采煤业的死亡率？"1932年至1976年美国采矿业死亡率(单位：死亡人数/每百万工作小时)的年度数据可以从各期的"矿业年鉴"收集。另外，也可以从美国政府预算中获得矿业局(Bureau of Mines，目前为矿业安全与健康管理局[Mine Safety and Health Administration])的年度健康与安全预算，其用来支付联邦政府的执法行动，比如监管和救援。我们使用健康与安全预算——转换成不变美元(1967＝100)——作为联邦执法活动的衡量标准。一个死亡率 Y 对安全预算 X 的二元回归得到：

$$\hat{Y} = 1.26 + 0.0000125X$$
$$(36.1) \qquad (-8.5)$$

$$R^2=0.63 \quad n=45 \quad s_e=0.19$$

其中 Y = 年度采煤业死亡率(以每百万工作小时的死亡人数度量),X = 年度联邦采煤业安全预算(以 1 000 为单位的不变美元衡量,1967 = 100);括号里的数值是 t 值;R^2 = 决定系数;n = 样本量;s_e = Y 的预测值的标准误。

安全支出与死亡率显著相关,从 b 所显示的 t 值就能够一目了然。进一步来说,根据斜率的估计,每 100 万美元的预算增长与大约 0.01 的死亡率下降关联(这种下降的理解来源于我们注意到死亡率变量的范围在 0.4 到 1.7 之间)。而且 R^2 表明了安全预算的变化解释了超过一半的死亡率变化。总而言之,由财政支出所衡量的联邦安全执法活动看来是采煤业事故死亡率的一个重要影响因素。

虽然这些估计看起来很好,但是也不应该轻易地被接受,因为我们还没有检查散点图。经检查,我们发现回归方程的线性假设其实是不正确的。相反,X 与 Y 之间的关系看起来像一条曲线的形式,如图 2.4。幸运的是,我们往往可以

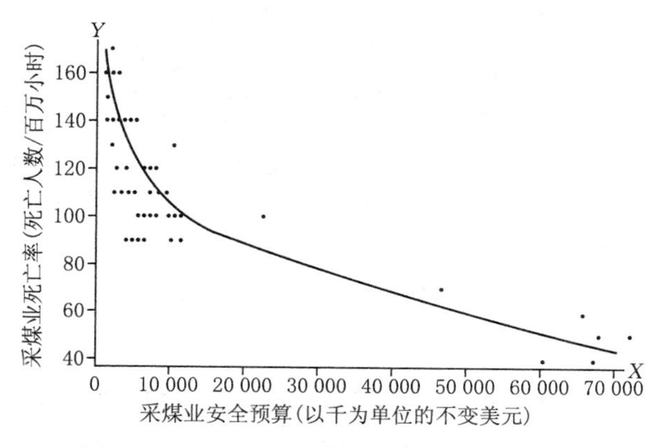

图 2.4　采煤业安全预算与采煤业死亡率的曲线关系

通过变量转换从而使得这种关系是线性的。这样一种曲线强烈地表明一个对数转换是最合适不过的。具体而言，X 的对数变换倾向于将分散变成直线形式，这样能使数据更符合线性的回归假设。除此之外，这种转换包含了从图 2.4 收集到的信息，即与上述斜率估计的解释相反，即每增加 1 个单位美元的支出所降低的死亡率越来越小（关于对数转换的精彩讨论，参见 Tufte，1974：108—131）。

图 2.5 展示了新的散点图，其中 X 进行了“自然”对数转换，$\ln X$。重新估计这个方程，得到：

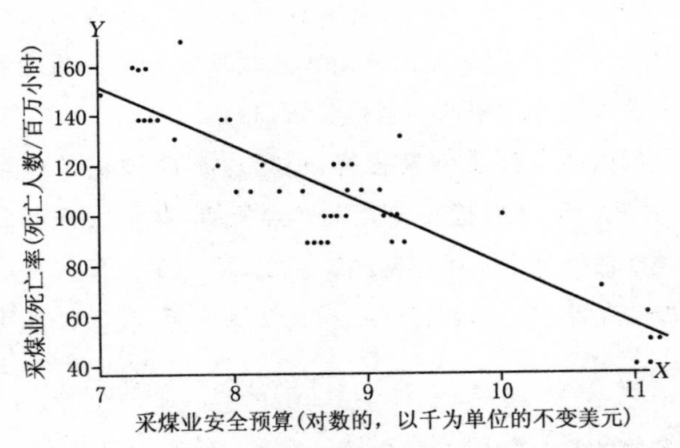

图 2.5 采煤业安全预算（对数的）与采煤业死亡率的线性关系

$$\hat{Y} = 3.25 + 0.247 \ln X$$
$$(20.3) \quad (-13.6)$$
$$R^2 = 0.81 \quad n = 45 \quad s_e = 0.14$$

方程式中各项定义同上。

我们极大地改进了对死亡率的解释。正如 R^2 所揭示的那样，这个方程解释了超过 2/3 的 Y 的变异。除此之外，与前一个方程相比,R^2 的增量是可观的(0.81－0.63＝0.18),这表明安全支出与死亡率之间的曲线性关系是真实存在的。把这种曲线性包含到我们的模型中极大地提高了模型的预测能力。在前一个方程中,在给定的预算值下预测 Y 时,其平均误差是 0.19,在修正的模型中所估计的标准误下降到 0.14。通过仔细检查原来的散点图并应用恰当的转换,我们明显地改善了看起来足以解释采煤业死亡率与联邦安全支出之间关系的回归方程。当然,尽管安全支出是死亡率的一个重要决定因素,但是这并不是唯一的,正如我们在下一章所发现的那样。

第3章

多元回归

在多元回归中，我们可以在方程中加入不止一个自变量。这是很有用的，主要体现在两个方面。第一，它必然会为因变量提供一个更为全面的解释，因为很少有现象是由单一原因引起的。第二，一个特定自变量的影响效果会变得更加确信，因为这移除了受其他自变量扭曲的可能性。多元回归的过程其实就是二元回归的简单扩展，参数估计与解释都遵循同样的原则。同样，显著性检验和 R^2 也是类似的。此外，二元回归中 BLUE 所要求的假设也可以移植到多元的情况。多元回归的技术很广泛，熟练掌握将使得研究人员可以分析几乎所有的定量数据。

第1节｜一般方程

在一般的多元回归方程中,因变量被视为不止一个自变量的线性函数,

$$Y = a_0 + b_1X_1 + b_2X_2 + b_3X_3 + \cdots + b_kX_k + e$$

其中下标注明了不同的自变量。下面我们会用到基本的三变量方程,其表示为:

$$Y = a_0 + b_1X_1 + b_2X_2 + e$$

上式表明了Y是由X_1和X_2再加上一个误差项所决定的。

为了估计参数,我们再次运用最小二乘法,使得SSE最小化:

$$\mathrm{SSE} = \sum (Y - \hat{Y})^2$$

对于这个三变量的模型,最小二乘方程表示为:

$$\hat{Y} = a_0 + b_1X_1 + b_2X_2$$

系数(a_0, b_1, b_2)值的最小二乘组合比其他可能的组合拥有更小的预测误差。因而,最小二乘方程比其他线性方程能更好地拟合数据集合。但是,这将不能在图形上再用一条简单的用于拟合二维散点图的直线表示出来。反之,我们需要想象如何拟合一个平面到三维的散点。当然,这样一个平面的

位置由从微积分计算得来的 a_0，b_1 和 b_2 所界定。对于大部分人而言，想要将这种超过三变量方程的拟合过程形象化是不可能的。的确，一般情况下，对于 k 个自变量，这就需要想象把一个 k 维超平面调整到一个$(k+1)$维分散。

为做进一步说明，让我们看一个来自 Riverside 例子的简单三变量模型。基于先前的研究，我们相信收入是与教育相关的。但我们也知道教育并不是影响收入的唯一因素。另外一个因素毫无疑问是资历。在大多数职业中，一个人的工作时间越长，往往就能获得更多的收入，似乎这种情况在 Riverside 市政府也如此。因此，我们对收入差异的解释也应该得到改进，假如我们把二元回归模型改为以下的多元回归模型：

$$Y = a_0 + b_1 X_1 + b_2 X_2 + e$$

其中，$Y =$ 收入(美元)，$X_1 =$ 教育(年)，$X_2 =$ 资历(年)，$e =$ 误差项。参数的最小二乘估计如下：

$$\hat{Y} = 5\,666 + 432 X_1 + 281 X_2$$

第2节 | 解释参数估计

截距的解释对我们而言并无难度可言，这仅仅是二元情况的扩展：a_0＝当所有自变量为0时，Y的平均值。但是，斜率的估计则需要更多关注：b_k＝当其他自变量保持不变的时候，每一个单位X_k的变化所导致Y的平均变化。通过这种控制的方式，我们能够分离X_k自身的影响，而不受其他自变量的影响。这样一个斜率被称为偏斜率或者偏回归系数。在上述Riverside例子中，偏斜率b_2估计了资历每增加1年，导致平均年收入提高281美元，假设雇员的受教育年限保持不变。换句话说，一名城市工人可预期这部分年收入的增长，与受教育程度提高这方面的个人努力是无关的。尽管如此，根据b_1可知，每获得额外1年的教育会增加一个雇员的收入，而不管其业已积累的资历年限，即除了资历所带来的收益，每增加1年的受教育水平使得年收入平均增加432美元。

想要完全理解偏斜率的解释，我们必须理解多元回归如何使得其他自变量“保持恒定”。首先，这是统计性的控制而非实验性的控制。比如，在Riverside的例子中，如果我们实施实验性的控制，那么我们可能要把所有人的受教育水平控制在一个常量上，如10年，然后记录指定的受访者不同资历年限对收入的影响。想要估计教育对收入的影响，我们可以实施一个类似的实验。假如这样的操作是可行的，那么我们就可以针对两个不同的实验运行两个二元回归模型，分别分析资历和教育对收入的影响。然而，这样的实验性控制是不可能的，我们必须依赖多元回归所提供的统计性控制。通过检查一个偏斜率的公式，我们就能展示统计性控制如何把一个自变量的影响与其他自变量区分开。

首先我们限制在以下的三变量模型，其结果可一般化为：

$$Y = a_0 + b_1 X_1 + b_2 X_2 + e$$

我们首先详细解释 b_1 估计。假设 $r_{12} \neq 0$，每一个自变量都可以——至少是部分地——被其他自变量所解释。比如，X_1 可以写成 X_2 的线性方程：

$$X_1 = c_1 + c_2 X_2 + u$$

假设 X_1 不是被 X_2 完美预测的，存在一个误差项 u。因此，观察到的 X_1 可以表达为预测的 X_1 加上误差项：

$$X_1 = \hat{X}_1 + u$$

其中，$\hat{X}_1 = c_1 + c_2 X_2$。误差项 u 是 X_1 的一部分，其不能被另一个自变量 X_2 所解释，

$$u = X_1 - \hat{X}_1$$

因此，u 表示了 X_1 中与 X_2 完全无关的那部分。

通过同样的方式，我们也可以分离出 Y 中与 X_2 线性无关的部分：

$$Y = d_1 + d_2X_2 + v$$
$$= (d_1 + d_2X_2) + v$$
$$Y = \hat{Y} + v$$

误差项 v 是 Y 中不能被 X_2 所解释的部分，

$$v = Y - \hat{Y}$$

v 表示了 Y 中与 X_2 完全无关的那部分。

这两个误差项——u 和 v 由下式表示 b_1 的公式连接在一起：

$$b_1 = \frac{\sum (u)(v)}{\sum u^2} = \frac{\sum (X_1 - \hat{X}_1)(Y - \hat{Y})}{\sum (X_1 - \hat{X}_1)^2}$$

用文字表述就是，b_1 是由 X_1 和 Y 中不受 X_2 线性影响的那部分值所决定的。利用这种方法，X_1 的影响就与 X_2 的影响分离。我们应该熟悉这个通常可以用到任意偏系数的公式，因为我们在二元的情况下看到了一个特殊的版本，

$$b = \frac{\sum (X - \bar{X})(Y - \bar{Y})}{\sum (X - \bar{X})^2}$$

尽管多元回归的统计性控制不如实验性控制有说服力，其意义依然重大。把额外的变量小心地引入到方程中，能使我们的发现具有更大的置信度。例如，Riverside 例子中的二元回归模型表明了教育是收入的一个决定因素。然而，这个结论是值得怀疑的。一个表面上的二元关系可能是虚假的——另一个变量对教育和收入产生共同影响的产物。例如，反对者可能会争辩：那些观察到的二元关系实际上是由

资历所导致的——那些有着更多年工作时间的人其实同时具有更高的受教育程度和更高的收入。一个含义是如果"资历"被控制了，教育有可能被发现对收入没有任何影响。多元回归允许我们检验这种虚假的假设。从上述的最小二乘估计我们发现，即便考虑了资历这个影响因素之后，教育仍然具有明显的影响。因此，只有通过真正引入第三个变量到方程中，我们才能排除一个虚假的假设，从而强化我们的观点——教育的确影响收入。

第3节 | 置信区间和显著性检验

在这里，置信区间和显著性检验的步骤移植于二元的情况。假如我们想知道在 Riverside 例子的三变量方程中，偏斜率估计 b_1 是否显著地不为 0，那么我们就会再一次遇到虚无假设（在总体中不存在关系）以及备择假设（在总体中存在关系）。为了检验这些假设，下面我们构造一个围绕偏斜率估计的双尾 95%置信区间：

$$(b_1 \pm t_{n-3;\ 0.975}\, s_b)$$

注意，这个公式与二元回归公式之间的唯一差别是自由度的个数。这里，公式少了一个自由度，我们只有 $(n-3)$ 个自由度，而不是 $(n-2)$ 个，因为我们增加了一个自变量。通常情况下，t 变量的自由度为 $(n-k-1)$，其中 $n=$ 样本数，$k=$ 自变量的个数。应用以下公式，

$$(432 \pm t_{29;\ 0.975}\, s_b) = 432 \pm 2.045(144) = (432 \pm 294)$$

在总体中偏斜率值位于 138 美元和 726 美元之间的概率是 0.95。因为 0 不在这个范围内，所以我们拒绝虚无假设。我们可以说偏斜率估计 b_1 在 0.05 的水平下显著不为 0。

第二种对 b_1 进行显著性检验的方法是检查 t 值，

$$b_1/s_{b_1} = 432/144 = 3.01$$

我们观察到这个值大于 $t_{n-3;\,0.975}$ 的 t 分布值。即

$$3.01 > 2.045$$

因此，我们推断在 0.05 水平下，b_1 是统计上显著的。

显著性检验的最有效方法是使用经验法则，其明确了任何系数在双尾 0.05 水平下的统计显著性均要求 t 值的绝对值大于 2。下面是三个变量的 Riverside 方程，括号里是 t 值：

$$\hat{Y} = 5\,666 + 432X_1 + 281X_2$$
$$(4.22) \quad (3.01) \quad (3.04)$$

记住经验法则后，对这些 t 值的检查就能使我们马上发现这个模型的所有参数估计（a_0，b_1，b_2）在 0.05 的水平下都是显著的。

第4节 | R^2

要估计一个多元回归的拟合度，我们使用 R^2——多元决定系数，

$$R^2 = \frac{\sum(\hat{Y}-\bar{Y})^2}{\sum(Y-\bar{Y})^2} = \frac{\text{回归(解释)平方和}}{\text{总平方和}}$$

R^2 在一个多元回归模型里面表明了 Y 的变异中被所有自变量所“解释”的比例。在以上三变量的 Riverside 模型中，$R^2=0.67$，说明了教育和资历一共解释了 67%的收入方差。相比 $R^2=0.56$ 的二元回归模型，这个多元回归模型明显对收入差异提供了一个更有力的解释。

显而易见，一个高的 R^2 值是可喜的，因为这暗示了一个对研究现象更为完善的解释。虽然如此，如果把更大的 R^2 视为唯一目标，那么我们就可能会简单地往方程中添加自变量。增加一个自变量并不会降低 R^2，这几乎可以肯定至少在某种程度上会提高 R^2 的值。实际上，如果自变量不断地被添加进来，直到其数目等于 $n-1$，这时 $R^2=1.0$。这个“完美的”解释当然是没有意义的，充其量是数学上的必然——当自由度被耗尽的时候。总而言之，分析人员不能通过一味地添加变量来提高 R^2，而应该根据理论考虑来决定哪些变量应该被包括进去。

第5节 | 预测 Y 值

一个多元回归方程可以被用来做解释,也可以做预测。下面我们预测一个具有10年受教育水平和5年工作资历的Riverside雇员的收入:

$$\begin{aligned}\hat{Y} &= 5\,666 + 432X_1 + 281X_2 \\ &= 5\,666 + 432(10) + 281(5) \\ &= 5\,666 + 4\,320 + 1\,405 \\ \hat{Y} &= 11\,391\end{aligned}$$

为了得到这个预测准确度的概念,我们可以利用Y估计值的标准误 s_e 来构造一个置信区间:

$$(\hat{Y} \pm 2s_e) = \hat{Y} \pm 2(2\,529) = 11\,391 \pm 5\,058$$

这个置信区间说明了存在95%的概率使得一个有着10年受教育水平和5年工作资历的城市雇员获得从6 333美元到16 449美元不等的收入。尽管这个预测比二元回归更准确,但是还不够精确。

在经验范围以外,这个模型的预测就变得没那么有用了。当然,我们可以添加任意的 X_1 和 X_2 的值来得到 Y 的预测值。虽然如此,但是预测的价值随着 X_1 和 X_2 的数值偏离数据中变量值的真实范围而降低。例如，预测一个具有两年受教育水平和35年工作资历的城市雇员的收入是有风险的，因为在数据集里面没有任何人登记了这样极端的数值。有可能在如此极端的数值下，线性关系就不复存在了，于是，任何基于我们的线性模型所做的预测都将会是相当离谱的。

第 6 节 | 交互效应的可能性

到目前为止，我们假设效应是可加的，即，Y 是部分地由 X_1 加上 X_2 所决定的，而不是 X_1 乘以 X_2。这个可加性假设主导了应用回归分析并且常常是合理的。然而，这并不是一个必然的假设。让我们看一个例子。

前面已经提到受访者的性别变量可以作为添加到 Riverside 收入方程式的一个候选项。问题是，性别变量是应该被相加进去还是作为交互项添加进去呢？有人可能会认为性别应该与教育交互影响。通常情况下，当一个自变量的影响依赖于另外一个自变量而发挥作用时，那么我们就说存在一个交互效应。具体地，教育的影响可能依赖于雇员的性别，教育所产生的经济回报对男性而言会更高。

形式上，这种特定的交互模型表示如下（此时我们忽略资历这个变量）：

$$\hat{Y} = a_0 + b_1 X_1 + b_2 (X_1 X_2) + e$$

其中 Y = 收入（美元）；X_1 = 教育（年）；X_2 = 受访者的性别（0 = 女性，1 = 男性）；$X_1 X_2 = X_1$ 乘以 X_2 产生的交互项。该模型的最小二乘估计是：

$$\hat{Y} = 5\,837 + 556 X_1 + 202 (X_1 X_2) \qquad R^2 = 0.65$$
$$(4.20) \quad (4.44) \qquad (2.70)$$

括号里面的数字是 t 值。这些结果说明了尽管受教育水平的提高对不同性别而言都增加了收入，但是男性的收入增量更大。当我们分别对男性和女性构建预测方程时，这种效应就变得清晰了。

女性的预测方程：

$$\hat{Y} = a_0 + b_1X_1 + b_2X_1(0)$$

$$= a_0 + b_1X_1$$

$$\hat{Y} = 5\ 837 + 556X_1$$

男性的预测方程：

$$\hat{Y} = a_0 + b_1X_1 + b_2X_1(1)$$

$$= a_0 + (b_1 + b_2)X_1$$

$$\hat{Y} = 5\ 837 + 758X_1$$

我们观察到，对男性而言，教育变量的斜率变得更大。并且，这个斜率的差异是统计显著的(见 b_2 的 t 值)。

与此相对的是严格的可加模型，即

$$Y = a_0 + b_1X_1 + b_2X_2 + e$$

其中各个变量的定义同上。估计这个模型得到：

$$\hat{Y} = 4\ 995 + 633X_1 + 2\ 555X_2 \qquad R^2 = 0.65$$

$$(3.64) \quad (5.54) \quad (2.60)$$

上式中括号里面的数值是 t 值。这些估计说明教育和性别对收入有着显著并且独立的影响。

数据集同时适用于交互模型和可加模型。两个模型的系数都是统计显著的，R^2 也一样。到底哪一个模型是正确的呢？答案必须基于理论的考虑和先前的研究，因为经验证据不能够让我们作出取舍。可加模型似乎更加符合收入决定的“歧视”(discrimination)理论，即在其他条件等同的情况下，女性在社会上得到更少的收入，仅仅因为她们是女性。交互模型看起来更好地契合了收入决定的“个体失败”(individual failure)理论，即女性得到更少的收入，是因为她们不太能够把教育经历转化成她们的优势。基于之前的理论和研究，我偏好“歧视”理论，因此选择允许性别变量可加地进入到这个更大的收入方程。对于两个模型的解决方法可能来自一个同时允许性别的可加效应和交互效应的方程：

$$Y = a_0 + b_1 X_1 + b_2 X_2 + b_3 (X_1 X_2) + e$$

遗憾的是，这个模型的估计由于严重的多重共线性——一个交互模型里常见的问题——而变得不可靠。下面我们详细讲解多重共线性。

第7节｜四变量模型:修正设定错误

通过相加把性别变量合并到我们的 Riverside 收入差异模型,得到:

$$Y=a_0+b_1X_1+b_2X_2+b_3X_3+e$$

其中 Y—收入(美元);X_1=教育(年);X_2=资历(年);X_3=受访者的性别(0=女性,1=男性);e=误差项。理论上,这个四变量模型比先前的两变量模型更加完整。这里认为收入是一个由三个因素——教育、资历和性别——构成的线性可加方程。

利用最小二乘法估计多重回归模型得到:

$$\hat{Y}=5\,526+385X_1+247X_2+2\,140X_3$$

$$(4.44)\quad(2.86)\quad(2.84)\quad(2.40)$$

$$R^2=0.73\quad n=32\quad s_e=2\,344$$

括号中的数值是 t 值,R^2=多元决定系数,n=样本数,s_e=Y 估计的标准误。

这些估计告诉我们大量关于在 Riverside 市政府中什么影响了收入这方面的信息。市政雇员的收入显著地受到教育年限、工作资历以及性别的影响(每一个对应的 t 值均大于2,说明了在0.05水平下是统计显著的)。这三个变量很大程度上决定了总体的收入差异。事实上，几乎 3/4 的收入变异都可以被这些变量所解释($R^2=0.73$)。所造成的这些差异并不是无关紧要的。每增加 1 年的教育年限，对应着平均 385 美元的收入增长；每增加 1 年的工作资历则对应着平均 247 美元的收入增长；即便在同等的受教育水平和工作资历下，我们可预期男性雇员的收入比女性雇员高 2 140 美元。这些变量所累积的影响可以产生较大的收入差距。例如，一个具有大学教育程度和 10 年工作资历的男性可预期其收入是 16 296 美元，相比之下，一个具有高中教育程度并且刚刚开始工作的女性，我们可预期其收入只有 10 146 美元。

添加除教育之外的资历、性别这些相关变量极大地减少了设定错误，有助于保证我们的估计是最优线性无偏的(BLU)(想要回顾设定错误的含义，可以重温第 2 章回归假设的讨论)，尤其是对教育变量的系数估计极大地降低了，其在二元模型中等于 732。在我们的四变量模型中，对应的估计 $b_1=385$，说明教育的实际影响只有原来二元方程的一半。

对于一个确定的模型，我们很容易找出由于排除一个相关变量所导致的偏误方向。假设真实世界等同于这个模型：

$$Y=a_0+b_1X_1+b_2X_2+e\text{(正确模型)}$$

但是我们错误地估计了

$$Y=a_0+b_1X_1+e^*\text{(错误模型)}$$

其中 $e^*=(b_2X_2+e)$。从估计中排除 X_2，那么我们就犯了设定错误。假设 X_1 与 X_2 是相关的——正如它们之间经常如此，斜率估计 b_1 将会是有偏的。这个偏误是不可避免的，因为自变量 X_1 与误差项 e^* 是相关的，于是这里违反了一个对回归而言，要得到令人满意的估计所必不可少的假设（我们可以看到 $r_{X_1e^*} \neq 0$，因为 $r_{X_1X_2} \neq 0$，并且 X_2 是 e^* 的一个组成项）。在估计模型中，b_1 的偏误方向是由以下条件决定的：b_2 的符号以及相关系数 r_{12} 的符号。如果 b_2 和 r_{12} 具有相同的符号，那么 b_1 将会向正的方向偏离，否则，b_1 向负的方向偏离。

在稍微复杂一点的 Riverside 例子中，偏误的方向恰好与上述规则保持一致。如前所述，在 Riverside 研究中的二元方程，只要确定了四变量模型的样式和估计，b_1 的偏误就是正的。这个正向偏误遵循上述准则：(1)b_2（以及 b_3）的符号是正的；(2)r_{12}（以及 r_{13}）的符号是正的，因此二元估计的 b_1 必然是向上偏离的。由 X_1 所解释的 Y 的变化中，部分原本应该由 X_2 和 X_3 解释，但是这两个变量不在方程里面。因此，这导致了由 X_2 和 X_3 所产生的对 Y 的影响，有一部分被错误地认为是由 X_1 所产生的。

对偏误检查规则的制定暗示了我们可以预测一个设定错误的后果。例如，分析人员可以预见由于排除一个特定变量而导致的偏误方向。使用更简单的模型，正如我们在这里所处理的那些，我们能够获得这种洞察力。然而，对于那些包括几个变量以及面对几个备选变量的模型，偏误的方向是不容易被预见的。在这种更为复杂的情况下，分析人员最好立即关注正确的模型设定。

第 8 节 | 多重共线性问题

多元回归想要得到最优线性无偏估计，除了必须满足二元回归假设外，还需要一个额外的假设：不存在完全多重共线性。即，没有自变量与另一个自变量完全相关或者是其他自变量的线性组合。例如，在以下多元回归模型中

$$Y = a_0 + b_1 X_1 + b_2 X_2 + e$$

当

$$X_2 = c_0 + c_1 X_1$$

时，完全共线性将会出现。因为此时 X_2 是 X_1 的完全线性函数(即 $R^2 = 1$)。当完全多重共线性存在时，要想得到最小二乘参数估计的唯一解是不可能的。任何计算偏回归系数的努力都是徒劳的，不管是计算机还是人工计算。因此，完全多重共线性是能够马上被发现的。进一步来说，在实际操作中，这显然是不大可能发生的。但是，高度多重共线性往往会困扰多元回归的使用者。

在非实验的社会科学数据中，自变量几乎总是关联的，即多重共线性。当这种情况变得极端的时候，严重的估计问题就会随之而来。通常的问题是参数估计变得不可靠。当前样本中偏斜率估计的范围可能与下一个样本中偏斜率估

计的范围大不相同。因此,我们没有足够的信心来确保一个特定的斜率估计准确地反映了总体中 X 对 Y 的影响。显然,由于这样的非精确性,在方程中这个偏斜率估计不能有效地与其他偏斜率估计进行比较,以此来判断自变量的相对影响。最后,即便在总体中 X 与 Y 确实是相关的,但是该估计的回归系数可能非常不稳定,以至于不能实现统计显著性。

高度多重共线性之所以产生这些估计上的问题,是因为其给斜率估计带来了大的方差,并且进一步造成大的标准误。回忆一下置信区间的公式(95%,双尾)

$$(b \pm t_{n-k-1;\,0.975}\, s_b)$$

我们注意到,一个大的标准误 s_b 将会使得 b 可能取值的范围变大。回顾 t 值的公式

$$b/s_b$$

我们观察到一个更大的 s_b 使得估计更难实现统计显著(如,更不容易大于2,该值说明了在0.05水平下双尾检验是统计显著的)。

我们可以通过检查以下方差公式来观察大的方差是如何随着高度多重共线性发生的

$$b_i \text{ 的方差} = s_{b_i}^2 = s_u^2 / v_i^2$$

其中 s_u^2 是多元回归模型中误差项的方差,v_i^2 是第 i 个自变量对模型中其余的自变量进行回归所得到的残差平方,于是

$$v_i = X_i - \hat{X}_i$$

如果这些其余的自变量对于 X_i 来说具有很高的预测度,那

么 X_i 与$\hat{X}_i$ 的值就非常接近,因而 v_i 将会很小。因此上述方差公式中的分母就会很小,进而使得 b_i 产生一个很大的方差估计。

当然,当分析人员发现一个偏回归系数统计不显著时,他们不能简单地基于高度多重共线性来反驳这个结果。在作出这样一个结论之前,高度多重共线性必须要被证明出来。下面我们首先看一看高度多重共线性的一些常见特征,这有助于研究人员预防此类问题。然后,我们继续讨论诊断的技术。高度多重共线性的一个相当明确的特征是方程中具有较大的 R^2,但是系数在统计上不显著。另外一个相对较弱的特征是当自变量被添加到方程中或者从方程中被剔除时,回归系数的值会发生极大的变化。第三个仍然不太确定的特征涉及对系数范围的怀疑。一个系数或者是就其本身而言,或者是相对于方程中的另一个系数而言,有可能被认为是出乎意料地大(小)。这甚至是有可能太大(或太小)以至于不合常理而被拒绝。第四个需要警惕的是一个系数有着“错误的”符号。显然,最后一个特征很不显著,因为我们常常缺乏“正确的”符号所需的信息。

以上特征有可能为警觉的分析者提供多重共线性问题的线索。然而,其自身并不能确定这样的问题确实存在。作为诊断,我们必须直接观察自变量之间的相关性。一个经常用到的经验是检查自变量之间的双变量相关,并寻找大约为 0.8 或者更大的系数。此时,如果没有发现这样的值,我们推断多重共线性这个问题不存在。尽管建议如此,但是这种方法不太令人满意,因为它没有考虑一个自变量与其他所有自变量之间的关系。例如,就算其中一个自变量几乎是其余自变量的完全线性组合，仍然有可能不存在大的双变量相关。这种可能性指向了评估多重共线性的首选方法：每一个自变量都分别对其余自变量进行回归。当这些方程中出现任意 R^2 接近 1.0 的时候，我们就说此时存在高度多重共线性。事实上，这些 R^2 中的最大值可作为多大程度上存在多重共线性的一个指标。

让我们把学到的关于多重共线性的知识应用到四变量的 Riverside 模型中，

$$Y = a_0 + b_1X_1 + b_2X_2 + b_3X_3 + e$$

其中 Y = 收入(美元)；X_1 = 教育(年)；X_2 = 资历(年)；X_3 = 性别；e = 误差项。我们已经检查了这个模型的估计，发现这里不存在多重共线性问题的特征，即，系数都是显著的，而且符号和范围都是合理的。因此，我们可以预期上述多重共线性检验将会使得 $R^2_{X_i}$ 远远小于 1。分别使用每一个自变量对其他自变量进行回归，得到：

$$\hat{X}_1 = 7.02 + 0.42X_2 + 0.96X_3 \qquad R^2 = 0.49$$

$$\hat{X}_2 = -2.15 + 1.00X_1 + 1.68X_3 \qquad R^2 = 0.49$$

$$\hat{X}_3 = 0.066 + 0.022X_1 + 0.016X_2 \qquad R^2 = 0.14$$

这些 $R^2_{X_i}$ 表明了在 Riverside 样本里面，这些自变量是组间相关的，正如我们对这种类型的数据所能预见的那样。但是，我们观察到最大的多元决定系数是 $R^2 = 0.49$，远远小于 1.0。我们可以判断在 Riverside 多元回归模型中，偏斜率估计不存在多重共线性的问题。

结果不会总是这么好。当发现高度多重共线性时，我们该如何处理呢？遗憾的是，没有一个可能的解决方案是完全令人满意的。通常情况下,我们必须把一个糟糕的情况变得最好。标准的方法是通过扩大样本来增加我们的信息。正如先前的章节所指出的那样,在其他条件等同的情况下,样本量越大,发现统计显著性的机会就越大。然而,现实情况是研究人员通常无法增加样本。此外,多重共线性可能非常严重,以至于一个大的 n 都不会让其有所改善。

假定样本是固定的,我们需要使用其他策略。一种方法是合并那些高度组间相关的自变量为单个指标。如果这种方法在概念上是可行的,那么结果可以很好。例如,假设一个模型解释了政治参与(Y)是收入(X_1)、种族(X_2)、收听广播(X_3)、看电视(X_4)和阅读报刊(X_5)的函数。一方面,把高度组间相关的变量(X_3, X_4, X_5)合并到媒体接触这样一个指标中是明智的。另一方面,把收入和种族变量合并却是不合理的,即便它们是高度相关的。

假设我们的变量是“苹果和橙子”,想要合并它们就是不切实际的。当面对高度共线性的时候,我们不能可靠地分离有关变量的影响。尽管这样,如果方程的用途被限制在预测,那么这个方程依然是有用的。即,对于所有给定的 X 值(如,$X_1=2$, $X_2=4$, …, $X_k=3$),这个方程就可以被用来预测 Y 值,而不是被用来解释单个 X 值的变化对 Y 的独立影响。通常这种预测策略意义不大,因为我们的目标往往是解释,从中我们讨论一个特定的 X 对 Y 的影响。

最后一种解决多重共线性的技术是丢弃这些不合适的变量。让我们研究一个例子。假设我们设定以下基本的多元回归模型:

$$Y=a_0+b_1X_1+b_2X_2+e \quad \text{模型 I}$$

然而，遗憾的是，我们发现 X_1 与 X_2 是高度相关的（$r_{12}=0.9$），以至于最小二乘估计是不能可靠地评估任何一个变量的效果。一个可选择的方案是从方程中剔除其中一个变量，如 X_2，并简单估计以下模型：

$$Y = a_0 + b_1 X_1 + e^{*} \quad \text{模型 II}$$

当然，这种方法的一个重要问题是故意犯了设定错误。假如模型Ⅰ是正确的解释模型，那么我们知道模型Ⅱ中对的 b_1 的估计将会是有偏的。能够使得这种技术变得稍微有所改善的改进方法是估计另外一个方程，即剔除另外一个不合适的变量（X_1），

$$Y = a_0 + b_2 X_2 + e^{**} \quad \text{模型 III}$$

如果我们连同模型Ⅰ一起评估了模型Ⅱ和模型Ⅲ，那么就可以更加充分地估计设定错误所造成的损害。

第9节 | 高度多重共线性：一个例子

为了更加充分地理解高度多重共线性的影响，研究一个真实的案例是很有帮助的。首先，我们展示由社会学家吉尼·杰马尼(Gini Germani, 1973)所报告的一个研究发现，然后我们着眼于多重共线性[4]这个议题来检查这些发现。杰马尼想要解释在1946年阿根廷总统选举中胡安·贝隆(Juan Peron)得到的选票支持。他特别感兴趣的是估计贝隆得到来自工人和国内移民的支持。要实现这一点，他用公式表示一个多元回归模型来得到以下估计：

$$\hat{Y} = 0.52 + 0.18X_1 - 0.10X_2 - 0.57X_3 - 3.57X_4 + 0.29^* X_5$$

$$(0.43) \quad (0.41) \quad (0.43) \quad (2.54) \quad (0.07)$$

$$R^2 = 0.24 \quad n = 181 \quad s_e = 0.11$$

其中Y=1946年该县总统投票中贝隆所得选票的百分比；X_1=城市蓝领工人(表示为该县经济活动人口的百分比)；X_2= 农村蓝领工人(表示为该县经济活动人口的百分比)；X_3=城市白领工人(表示为该县经济活动人口的百分比)；X_4=农村白领工人(表示为该县经济活动人口的百分比)；X_5=国内移民(在阿根廷出生的男性百分比)；括号里面的数字是斜率估计的标准误；"*"号表明了一个系数在0.05水

平下双尾检验是统计显著的；R^2 ＝多元决定系数；$n=181$ 个包含 5 000 人以上城市的县；$s_e=Y$ 估计值的标准误。

这些结果表明，只有国内移民显著地影响了贝隆得到的选票支持，我们才能据此推断工人不是胡安·贝隆当选的影响因素。当我们检查数据中的多重共线性时，这样一个结论就变得更加不确定了。下面让我们分别用每一个自变量对其余自变量进行回归，以诊断多重共线性的程度。于是得到 $R^2_{X_i}$，按顺序排列为：$R^2_{X_2}=0.99$，$R^2_{X_3}=0.98$，$R^2_{X_1}=0.98$，$R^2_{X_4}=0.75$，$R^2_{X_5}=0.32$。

显然，极端的多重共线性是确实存在的。那么，如何修正这个问题呢？我们不能收集更多的数据观测，把一些变量合并成一个指标也是不可行的。这个方程的目的不在于预测（如果确实是的话，较低的 R^2_y 将会阻止这种做法）。于是，我们仅剩的策略就是丢弃不合适的变量。检查这些 $R^2_{X_i}$ 显示了最大的值是 $R^2_{X_2}$，即变量 X_2 几乎就是其余自变量（X_1，X_3，X_4，X_5）的完全线性函数。假如我们从方程中移除 X_2，并重新估计：

$$\hat{Y}=0.42+\underset{(0.07)}{0.28^*}X_1-\underset{(0.10)}{0.47^*}X_3-\underset{(1.41)}{3.07^*}X_4+\underset{(0.07)}{0.30^*}X_5$$

$$R^2=0.24 \quad n=181 \quad s_e=0.11$$

各项的定义同上。

根据这些新的估计，所有这些变量都有统计上显著的影响。与之前的结论相反，工人确实对贝隆的当选有贡献。这些新的估计有多可靠呢？一种检查方法是重新计算多重共线性的程度。分别将方程中的每一自变量对其余自变量进行回归,得到 $R^2_{X_3}=0.38$, $R^2_{X_5}=0.30$, $R^2_{X_1}=0.29$, $R^2_{X_4}=0.20$。我们观察到,所有的 $R^2_{X_i}$ 都远小于 1,这表明多重共线性不再是一个问题。相比于包括了 X_2 这个不恰当的变量所产生的相反估计,改善了的参数估计看起来更加可信。但愿这个鲜明的例子能够清楚地说明高度多重共线性的危险性。

第 10 节 | 自变量的相对重要性

我们有时候会想评估那些决定 Y 的自变量的相对重要性。一个明显的步骤就是比较偏斜率的大小。然而，这种努力经常被不同的度量单位和变量方差所阻碍。例如，假设下面的多元回归方程预测了政治献金的数量是个体年龄和收入的函数：

$$\hat{Y} = 8 + 2X_1 + 0.010X_2$$

其中 $Y=$ 竞选捐献(美元)，$X_1=$年龄(年)，$X_2=$ 收入(美元)。

收入和年龄对竞选捐献的相对影响是很难评估的，因为其中的度量单位不具可比性，即美元对年数。一种解决方法是把变量标准化，重新估计，并评估新的系数(一些计算回归的程序，如 SPSS，除了非标准系数以外，还会自动提供标准系数)。任意变量的标准化都是通过将其数值范围转化为偏离均值多少个单位的标准差来实现的。对于以上变量，

$$Y^* = \frac{Y - \bar{Y}}{s_y},\ X_1^* = \frac{X_1 - \bar{X}_1}{s_{X_1}},\ X_2^* = \frac{X_2 - \bar{X}_2}{s_{X_2}}$$

其中的“ * ”号表明这个变量是被标准化了的。

用这些变量重新公式化模型得到：

$$\hat{Y}^* = \beta_1 X_1^* + \beta_2 X_2^*$$

(注意,标准化使得截距为 0)。这个标准化后的偏斜率通常以“β”来标记,并且被称为一个 beta 权重,或者 beta 系数(不要把这个 β 与总体斜率的符号混淆)。

这个 beta 权重通过自变量标准差与因变量标准差的比率来更正非标准化偏系数:

$$\beta_i = b_i \frac{s_{X_i}}{s_y}$$

在二元回归模型的特殊情况下,beta 权重等同于两个变量之间的相关系数。即,假设模型

$$Y = a + bX + e$$

那么

$$\beta = b \frac{s_X}{s_y} = r$$

然而,这个等式对于多元回归模型则不成立(在一个多元回归模型中,仅仅当不存在多重共线性这种唯一情况时,$\beta = r$)。

这个标准化的偏斜率估计,或者说 beta 权重,表明了当其他变量保持不变时,Y 在标准差上的平均变化是与 X 在标准差上发生 1 个单位的变化相关的。假设上述竞选捐献方程的 beta 权重如下:

$$\hat{Y}^* = 0.15X_1^* + 0.45X_2^*$$

例如,$\beta_2 = 0.45$ 说明了当年龄保持不变时,收入发生 1 个标准差的变化将会引起竞选捐献发生平均 0.45 个标准差的变化。让我们更充分地考虑这个解释的含义。假设 X_2 是正态分布的,那么对处于平均收入水平的人而言,收入增加

1个标准差的变化将会使其进入到一个高收入阶层——仅仅低于16%的当地居民。我们可以看到，对 X 的剧烈改变并不会导致 Y 发生同等剧烈的反应，因为 β_2 远小于1，尽管如此，竞选捐献的确增长了差不多半个标准差。与此相反，较大的年龄优势(整整一个标准差的增量)引起竞选捐献一个非常温和的增量(仅仅0.15个标准差)。我们推断收入的影响大于年龄的影响，二者均以标准差为单位衡量。确实，收入对竞选捐献的影响3倍于年龄对竞选捐献的影响(0.45/0.15＝3)。

当分析人员对自变量的相对影响感兴趣时，标准化这种可以保证测量单位可比的能力使其具有吸引力。然而，如果想做样本之间的比较，就有一定的困难了。因为当对不同的样本估计同一个方程时，与非标准化的斜率值不同，beta权重的值可以仅仅因为 X 的方差改变而改变。实际上，当其他条件一样时，X 的方差越大(越小)，beta权重越大(越小)(想要明白这一点，再次参考beta权重的公式

$$\beta_i = b_i \frac{s_{X_i}}{s_y}$$

我们可以看到，随着分数中分子 s_{X_i} 增大，β_i 的值也必然增加)。

作为一个例子，假设上述政治献金模型是来自美国的一个样本，此时我们希望在另外一个西方民主国家，比如瑞典，检验这个模型。来自瑞典选民样本的beta权重为：

$$\hat{Y}^* = 0.18X_1^* + 0.22X_2^*$$

式中各个变量的定义同上。通过比较 β_2(美国)＝0.45和 β_2(瑞典)＝0.22，我们尝试推断瑞典的收入效应大约是美国的

一半。然而,既然美国的收入标准差比瑞典的大,这个推断很可能是错的。更为分散的美国收入有可能掩盖了在这两个国家之间一个单位收入的变化实际上具有更为一致的效应这个事实,即 β_2(美国)$\cong\beta_2$(瑞典)。欲检验这个可能性,我们必须检查假设为如下的非标准化偏斜率:

$$\hat{Y}=9+1.7X_1+0.012X_2$$

当这些非标准化的瑞典结果与非标准化的美国结果比较时,其表明了实际上收入对竞选捐献的效应在这两个国家是一样的($0.010\cong0.012$)。通常,当 X 的方差从一个样本到另外一个样本不一致时,我们倾向于选择基于非标准化的偏斜率进行跨样本比较。

第 11 节 | 回归模型拓展：虚拟变量

回归分析鼓励使用那些大小可以用数值精度来衡量的变量，即定距变量。关于这种变量的一个典型例子是收入，个体可以按照收入的数量从最低到最高进行数字上的排序。于是，我们可以说约翰的收入为 12 000 美元，要高于比尔的 6 000 美元。实际上，这刚好为两倍。当然，不是所有的变量都是在这样一个允许精确比较的水平被测量的。然而，通过使用虚拟变量，那些非定距变量也可以成为进入回归框架的候选项。

很多非定距变量可以被视为两分，如性别（男/女）、种族（黑/白）、婚姻状况（单身/已婚）。二分的自变量不会造成回归估计失去它们应有的特性。因为它们有两个类别，作为一个只有两个值的定距变量进入到方程中，它们设法“欺骗”最小二乘。研究“虚拟”变量如何运作是很有用的。假设我们提出在二元回归中某人的收入是由种族所预测的

$$\hat{Y} = a + bX$$

其中 $Y=$ 收入，$X=$ 种族（$0=$ 黑，$1=$ 白）。如果 $X=0$，则

$$\hat{Y} = a$$

这是黑人的平均收入。如果 $X=1$，则

$$\hat{Y}=a+b$$

这是白人的平均收入。因此,斜率估计值 b 说明了白人和黑人在平均收入上的差异。b 的 t 值一如既往地说明了斜率估计的统计显著性。我们已经在实践中——包括了性别作为自变量(0=女性,1=男性)的四变量 Riverside 方程——观察到这种虚拟变量。在考虑了教育和资历的影响以后,偏回归系数 b_3 报告了男性和女性之间平均收入的差异。如前所述,这个差异在统计上和实质上都是显著的。

显然,并非所有的非定距变量都是二分的。多类别的非定距变量一般有两种类型:定序的和名义的。对于一个定序变量,观测值的排序可以依照数量大小,而非数值精度。态度的变量通常就是这种类型,如在选民调查中,受访者被要求按等级"不感兴趣"、"比较感兴趣"或者"很感兴趣"来评估他们自己的政治兴趣。我们可以说选择了"非常感兴趣"的受访者 A 比选择了"不感兴趣"的受访者 B 对政治更感兴趣,但我们不能说数值上高出多少。于是,定序变量只是从"更低到更高"来承认一个排列等级。相比之下,一个名义变量的分类则不能这样来排序。宗教从属这个变量就是一个很好的例子。新教徒、天主教徒或者犹太教徒代表了个体属性,而对此排序将会是毫无意义的。

不管是定序的还是名义的,有多个类别的非定距变量都可以通过虚拟变量的技术而被添加到多元回归模型中。下面我们来看一个例子。假如一个人捐献给竞选活动的美元是上述定序变量——政治兴趣——的函数,那么,正确的模型将是

$$Y=a_0+b_1X_1+b_2X_2+e$$

其中 Y=竞选捐献(美元);X_1=虚拟变量,如果是“比较感兴趣”则标记为1,否则为0; X_2=虚拟变量,如果是“非常感兴趣”则标记为1,否则为0; e=误差项。

观察到只有两个虚拟变量代表了政治兴趣的二分变量。如果有三个虚拟变量,那么参数估计就不是唯一的了。即,第三个虚拟变量 X_3(如果是“不感兴趣”则标记为1,否则为0)将会是其余两个变量 X_1 和 X_2 的线性函数(考虑到任意受访者的 X_1 和 X_2 的值是已知的,那么该受访者在 X_3 的值就总是可以被预测的。如,若一个受访者在 X_1 和 X_2 的值都是0,那么其必然对政治“不感兴趣”,并且 X_3 将被赋值为1)。这里描述了完全多重共线性的情况,在此估计当然是不可继续的。为了避免掉进这个陷阱里,我们记住这个原则:当一个非定距变量有 G 个类别时,我们使用 $G-1$ 个虚拟变量来表示这个变量。

这里面临的一个问题是如何对这个被排除并回答了“不感兴趣”的群体估计其竞选捐献。他们的平均竞选捐献是通过方程的截距来估计的。即,对那些“不感兴趣”的人,预测方程为

$$\hat{Y}=a_0+b_1X_1+b_2X_2$$

$$=a_0+b_1(0)+b_2(0)$$

$$\hat{Y}=a_0$$

因此,截距估计了那些对政治“不感兴趣”的人的平均竞选捐献。

对“不感兴趣”的类别所估计的竞选捐献 a_0 在这里作为一个基准,以比较其他类别对竞选捐献的效果。对那些类别是“比较感兴趣”的人,预测方程变为

$$\hat{Y} = a_0 + b_1X_1 + b_2X_2$$
$$= a_0 + b_1(1) + b_2(0)$$
$$\hat{Y} = a_0 + b_1$$

因此,偏斜率的估计 b_1 表明了那些"比较感兴趣"和"不感兴趣"的群体之间在平均竞选捐献上的差异,即 $(a_0 + b_1) - a_0 = b_1$。

对于最后一个类别——"非常感兴趣",预测方程变为

$$\hat{Y} = a_0 + b_1X_1 + b_2X_2$$
$$= a_0 + b_1(0) + b_2(1)$$
$$\hat{Y} = a_0 + b_2$$

于是,偏斜率的估计 b_2 表明了那些"非常感兴趣"和"不感兴趣"的群体之间在平均竞选捐献上的差异,即 $(a_0 + b_2) - a_0 = b_2$。基于政治兴趣的提升将增加竞选捐献这个假设,我们可以预期 $b_2 > b_1$。

一个数据案例将有助于我们更好地理解虚拟变量的效用。假设在 Riverside 研究中,我们会想到从受雇于市政府所得的收入有可能部分地取决于雇员的政党派别(民主党人、共和党人或者无党派人士)。在这种情况下,正确的模型设定将会变成:

$$Y = a_0 + b_1X_1 + b_2X_2 + b_3X_3 + b_4X_4 + b_5X_5 + e$$

其中 Y = 收入;X_1 = 教育;X_2 = 资历;X_3 = 性别;X_4 = 虚拟变量,如果是无党派人士则标记为 1,否则为 0;X_5 = 虚拟变量,如果是共和党人则标记为 1,否则为 0;e = 误差项。

政党变量是一个三分类变量。因此,当使用 $G - 1$ 规则

时，我们需要生成 3－1＝2 个虚拟变量。我们选择构建无党派人士（X_4）和共和党人（X_5），将民主党人留下做基准类别。对于基准类别的选择由分析人员决定。这里，我们选择民主党人作为比较的标准是因为我们猜想民主党人可能拥有最低的收入，而无党派人士和共和党人依次拥有更高的收入。

最小二乘法得到下面的参数估计：

$$\hat{Y} = 5\,496 + 382X_1 + 250X_2 + 2\,134X_3 - 572X_4 + 386X_5$$
$$(3.90)\quad(2.74)\quad(2.78)\quad(2.33)\quad(-0.48)\quad(0.41)$$
$$R^2 = 0.73 \quad n = 32 \quad s_e = 2\,403$$

上式各变量定义同上，括号中的值为 t 值，R^2＝多元决定系数，n＝样本量，s_e＝Y 估计值的标准误。

首先，我们注意到这个估计结果与我们之前的模型设定相比几乎没有变化。此外，我们从 t 值看到一旦教育、资历和性别的影响被控制以后，无党派人士的平均收入与民主党人的平均收入没有显著差别（0.05 水平）（换句话说，b_4 并没有显著地影响截距）。同样，共和党人的平均收入也被发现与民主党人没有明显的差别。与预期相反，我们必须作出这样的结论：政党派别不会影响 Riverside 市政雇员的收入。我们原本的四变量模型仍然是首选的设定。

通过使用虚拟变量技术，把非定距变量——政党——添加到多元回归方程中不会产生任何问题。有研究者可能会争辩说我们可以绕过虚拟变量的方法，而直接把这个变量添加到我们的回归方程中。理由是即便类别之间的距离并不完全相等，一个定序变量仍然可以是回归的一个候选项。这是一个有争议的观点。简言之，支持者的主要辩解是：在实践中，这些结论经常等同于那些由更正确的技术产生的结果（如虚拟变量回归或定序统计的应用）。第二个理由是相比于定序技术，多元回归分析如此强大，以至于错误的风险都是可以接受的。在这里，我们无法解决这个争论，然而我们可以通过把政党添加到 Riverside 方程中作为一个定序变量，从而提供一个实践的检验。

乍一看，政党派别有可能像严格的名义变量。然而，政治科学家通常将其视为定序变量。我们可以说，相比于在所有类别中"最不支持共和党"的民主党人，一个无党派人士的立场"更倾向于共和党"。因此，我们可以按他们距离共和党人的立场对类别进行排序。这个顺序以下面的代码标识，民主党人 =0，无党派人士 =1，共和党人 =2，这些代码沿着"共和主义"的维度进行排序。对于我们添加到 Riverside 方程中的政党变量 X_4，上述代码针对每一个受访者都赋加了数值。最小二乘估计得到以下估计：

$$\hat{Y}=5\,314+392X_1+243X_2+2\,137X_3+186X_4$$
$$(3.87)\quad(2.85)\quad(2.74)\quad(2.36)\quad(0.40)$$
$$R^2=0.73\quad n=32\quad s_e=2\,380$$

其中 Y= 收入；X_1 = 教育；X_2 = 资历；X_3 = 性别；X_4 = 政党派别，各项赋值为 0 = 民主党人，1 = 无党派人士，2 = 共和党人；其余各项定义同上。

在这里，原来变量的系数估计并没有实质的变化。同样，这里显示了政党派别对雇员的收入没有显著的影响（$t<2$）。因此，在这个特殊的个案中，含有一个定序变量的回归分析与更为恰当的虚拟变量回归分析相比，二者的结论是一致的。

第12节 | 采煤业死亡事故的决定因素：一个多元回归案例

让我们重温之前对采煤业死亡率的解释。现在很清楚的一点是，我们的二元模型并不完整。基于理论考量、先前的研究以及可获得的指标，我们用公式表示以下解释模型：

$$Y = a_0 + b_1X_1 + b_2X_2 + b_3X_3 + e$$

其中 Y＝年度采煤业死亡率（以每百万工作小时的死亡人数度量），X_1＝年度联邦采煤业安全预算的自然对数（以1 000为单位的不变美元衡量，1 967＝100）；X_2＝在地下作业的工人比例；X_3＝虚拟变量表示总统所属的政党，在本年度如果总统是共和党人则记为0，如果是民主党人则记为1；e＝误差项。

我们已经表明了采煤业死亡率随着更为强有力的安全执法——以联邦安全预算 X_1 来衡量——而下降。此外，我们认为当地下作业的矿工比例增加时，死亡率上升。最后，我们相信入主白宫的政党 X_3 表现迥异——民主党比共和党更愿意采取措施以降低死亡率。下面让我们检验这些假设。

最小二乘法得到以下估计（数据来源如同先前所述）：

$$\hat{Y}=1.23-0.189X_1+0.019X_2+0.046X_3$$
$$(1.75)\quad(-6.48)\quad(3.06)\quad(0.84)$$
$$R^2=0.83\quad n=44\quad s_e=0.13$$

其中括号中的值为 t 值,R^2 = 多元决定系数,n = 从 1932 年到 1975 年的 44 个年度观测(X_2 在 1976 年的数字缺失),s_e = Y 估计值的标准误。

这些结果表明了联邦安全执法 X_1 和地下开采的程度 X_2 显著地影响了死亡率。然而,总统所属的政党 X_3 看起来不会显著地影响死亡率(b_3 的 t 值看起来与 2 相差很大)。但是在拒绝前述总统所属政党的影响这个假设前,我们可能应该先检查多重共线性问题。毕竟,这有可能仅仅是多重共线性,使得 b_3 未能达到统计显著性。方程中每一个自变量都分别对其余自变量进行回归,得到 $R^2_{X_1}=0.63$,$R^2_{X_2}=0.45$,$R^2_{X_3}=0.46$。当总统所属政党这个变量 X_3 对 X_1 和 X_2 进行回归时,得到一个远远小于 1 的 R^2。此外,根据其他自变量的 R^2,它们显示了至少是相同程度的多重共线性,但是它们的回归系数依然还是统计显著的。总而言之,多重共线性看起来不可能是 b_3 缺乏统计显著性的原因。

我们能够推断,在更高的置信度下,采煤业死亡率不会因入主白宫的政党轮替而改变。这促使我们修改模型设定并重新估计方程,如下:

$$\hat{Y}=1.58-0.206X_1+0.017X_2$$
$$(2.80)\quad(-9.58)\quad(3.00)$$
$$R^2=0.83\quad n=44\quad s_e=0.13$$

式中各项定义同上。

比较之前的二元回归模型，多元回归模型改进了我们关于采煤业死亡率的解释。较大的 R^2 表明了足足有 83%的变异被模型所解释。此外，更完备的模型设定降低了安全支出变量 X_1 在斜率估计上的偏差。在二元方程中，斜率 $= -0.247$，其夸大了安全支出增长在降低死亡率方面的作用。因为 X_2 被排除了，X_1 解释了一部分本来应该由 X_2 所解释的 Y。而在我们的多元回归方程中，包含进来的 X_2 使得安全支出的效应收缩到它的合理规模（$b_1 = -0.206$）。

那么，与安全预算这个变量相比，新合并进来的变量——地下作业矿工的百分比——在采煤业死亡率中是不是一个更为重要的决定因素呢？评估 beta 权重为这个问题提供了一个答案。标准化这些变量并重新估计方程，得到：

$$\hat{Y}^* = -0.75X_1^* + 0.24X_2^*$$

其中各项变量的定义同上，标准化后的变量以“ * ”号表示。上式的 beta 权重显示了安全预算在影响死亡率方面是一个比地下作业的矿工比例更为重要的因素。实际上，安全预算这个变量发生 1 个单位标准差的变化，其效应 3 倍于对应的地下作业矿工比例的变化。

第 13 节 | 下一步?

对这本书中材料的理解应该可以使得读者方便和广泛地使用回归分析。当然,在如此短的篇幅中,并非每一点都能解释得透彻。有些话题值得进一步学习,而非线性就是其中之一。尽管社会科学变量之间的关系常常是线性的,但是非线性的情况也不少见。我们详细说明了违反线性假设的后果,并提供了一个例子演示如何通过对数转化使得非线性能够"伸直"。还有其他类似的线性转化可利用,其适合程度取决于特定曲线的形状。比较流行的方法是倒数

$$Y = a_0 + b_1 \frac{1}{X} + e$$

以及二阶多项式

$$Y = a_0 + b_1 X + b_2 X^2 + e$$

(有关上述以及其他转换方面好的讨论,参看 Kelejian & Oates, 1974:92—102, 167—175; Tufte, 1974:108—130)。

另一个我们仅简要提及的话题是时间序列的使用。正如之前指出的那样,在时间序列数据的分析中,自相关是一个频繁出现的问题。例如,

$$Y_t = a + bX_t + e_t$$

其中，下标 i 已经被 t 所代替，以表示“时间”，Y_t ＝年度的联邦政府支出，X_t ＝年度的总统预算请求，e_t ＝误差项。当我们想象 e_t 为包括了被忽略的解释变量，自相关就很可能会出现。例如，假设其中一个被忽略的变量是年度国民总收入（GNP），很显然，上一年份的 GNP（GNP_{t-1}）与当前年份的 GNP（GNP_t）相关，因此，$r_{e_t e_{t-1}} \neq 0$。这个误差过程——紧接着的前一时期误差（e_{t-1}）和当前时期误差（e_t）是相关的——描述了一个一阶自回归过程。这个过程很容易被发现（比如，用 Durbin-Watson 检验）并修正（如 Cochrane-Orcutt 技术）。[5]其他的误差过程就更难诊断和纠正了（时间序列的问题与机遇的介绍见 Ostrom, 1978）。

在我们对回归的说明中，我们已经有意识地强调文字的解释，而不是数学推导。鉴于这是一本导论，这种侧重是合适的。此时，认真的学生可能想要使用微积分和矩阵来学习这些知识（可参考 Kmenta, 1971; Pindyck & Rubinfeld, 1976）。

自始至终，我们只列出了二元或者多元的单方程模型。当然，我们也可以用多方程模型。当我们认为因果关系不是单向而是双向的时候，这些在技术上被称为联合方程模型的模型就变得重要起来。例如，一个简单的回归模型假设 X 导致了 Y，但是反过来则不然，即 $X \rightarrow Y$。或许，虽然 X 导致了 Y，但是 Y 也导致了 X，即 $X \leftrightarrows Y$。这是一个相互因果关系，于是我们有两个方程：

$$Y = a + bX + e$$

$$X = a + bY + e$$

我们在此面对的诱惑是用学到的普通最小二乘法去估计每一个方程，遗憾的是，在相互因果关系这一事实下，普通最小二乘通常会产生有偏的参数估计。因此，我们需要通过应用二阶最小二乘改进这个方法。相互因果关系和估计的问题构成了因果模型的核心议题（Asher，1976 对这一个话题提供了有用的处理方法）。可喜的是，精通回归分析将会加快学生对因果模型的掌握，并让他们熟悉其他定量技术。

注释

[1] 我们应该都很熟悉抽奖这个常见的简单随机样本的例子，其中所有的彩票都会被抽取，中奖的那一个是随机抽出的。在统计检验中，用于如显著性检验这样从样本到总体的推断，就是基于一个简单的随机样本。

[2] 相关系数的估计值是：

$$r_{xy} = s_{xy}/s_x s_y$$

其中

$$s_{xy} = \widehat{\text{协方差}}_{xy} = \frac{\sum(X_i - \overline{X})(Y_i - \overline{Y})}{n-1}$$

以及

$$s_x = \widehat{\text{标准差}}_x = \sqrt{\frac{\sum(X_i - \overline{X})^2}{n-1}}$$

$$s_y = \widehat{\text{标准差}}_y = \sqrt{\frac{\sum(Y_i - \overline{Y})^2}{n-1}}$$

[3] 有读者可能想知道为什么那些被忽略的解释变量不是简单地被添加到方程式中，以此来同时解决自相关和设定错误的问题。不幸的是，当这些变量是未知的或者是不可测量的时候，这个简单的解决方案就是不可能的。

[4] 这个例子完全是由我的同事彼得·斯诺(Peter Snow)发现和诊断的。他慷慨地允许我将其复制在这里。

[5] 我们可能注意到在我们的采煤业死亡事故这个多元回归中，Durbin-Watson 检验不能揭示在误差过程中明显的自相关。

参考文献

ASHER, H.B.(1976) "Causal modeling." Sage University Paper series on Quantitative Applications in the Social Sciences, 07-003. Beverly Hill and London: Sage Pubns.

BIBBY, J.(1977) "The general linear model—a cautionary tale." In C. A. O'Muir cheartaigh and Clive Payne(eds.), *The Analysis of Survey Data(Vol.2): Model Fitting*: 35—79. New York: Wiley.

BOHRNSTEDT, G. W. and T. M. CARTER (1971) "Robustness in regression analysis." In H. Costner(ed.), *Sociological Methodology 1971*:118—146. San Francisco: Jossey-Bass.

GERMANI, G.(1973) "El surgimiento del Peronismo: El rol de los obreros y de los migrantes internos." *Desarrollo Economico: Revista de Ciencias Sociales* Ⅷ: *51(Oct.—Dec.)*: 438—488.

KELEJIAN, H. H. and W. E. OATES (1974) *Introduction to Econometrics: Principles and Applications*. New York: Harper & Row.

KERLINGER, F.N. and E.J.PEDHAZUR(1973) *Multiple Regression in Behavioral Research*. New York: Holt, Rinehart & Winston.

KMENTA, J.(1971) *Elements of Econometrics*. New York: Macmillan.

OSTROM, C.W., Jr.(1978) "Time series analysis: Regression techniques." Sage University Paper series on Quantitative Applications in the Social Sciences, 07-009. Beverly Hills and London: Sage Pubns.

PINDYCK, R.S. and D.L.RUBINFELD(1976) *Econometric Models and Economic Forecasts*. New York: McGraw-Hill.

TUFTE, E.R.(1974) *Data Analysis for Politics and Policy*. Englewood Cliffs, NJ: Prentice-Hall.

译名对照表

alternative hypothesis	备择假设
Best Linear Unbiased Estimates(BLUE)	最优线性无偏估计
beta coefficient	beta 系数
beta weight	beta 权重
biased	有偏的
central-limit theorem	中心极限定理
coefficient of determination	决定系数
confidence interval	置信区间
confidence level	置信度
covariance	协方差
cross-sectional variable	横截面变量
depedent variable	因变量
deviation	偏差
dichotomies	二分
dichotomous	二分的
dummy variable	虚拟变量
error	误差
error term	误差项
first-order autoregressive process	一阶自回归过程
goodness of fit	拟合优度
high multicollinearity	高度多重共线性
independent variable	自变量
instrumental variable estimation	工具变量估计
interval variable	定距变量
multiequation model	多方程模型
nominal variable	名义变量
noninterval variable	非定距变量
normal dictribution	正态分布
null hypothesis	虚无假设
one-tailed test	单尾检验
ordinal variable	定序变量

ordinary least squares	普通最小二乘
outlier	奇异值
partial regression coefficient	偏回归系数
partial slope	偏斜率
perfect correlation	完全相关
perfect multicollinearity	完全多重共线性
population	总体
residual	残差
robust	稳健的
sample	样本
simple random sample	简单随机样本
single-equation model	单方程模型
skewness	偏态
specification error	设定错误
standard deviation	标准差
standard error	标准误
Sum of the Squares of the Error(SSE)	误差平方和
t distribution	t 分布
t ratio	t 值
time-series variable	时间序列变量
total predicted error	总和预测误差
two-stage least squares	二阶最小二乘
two-tailed test	双尾检验
type Ⅰ error	第一类错误
type Ⅱ error	第二类错误
variance	方差
variation	变异/变化
weighted least squares procedure	加权最小二乘法

图书在版编目(CIP)数据

应用回归导论/(美)贝克(Beck, M.S.L.)著;曾东林译.—上海:格致出版社:上海人民出版社,2014

(格致方法·定量研究系列)

ISBN 978-7-5432-2457-5

Ⅰ.①应… Ⅱ.①贝… ②曾… Ⅲ.①回归分析-研究 Ⅳ.①O212.1

中国版本图书馆CIP数据核字(2014)第261261号

责任编辑 高 璇
美术编辑 路 静

格致方法·定量研究系列

应用回归导论

[美]迈克尔·S.刘易斯-贝克 著
曾东林 译

出 版	世纪出版股份有限公司 格致出版社 世纪出版集团 上海人民出版社 (200001 上海福建中路193号 www.ewen.co)  编辑部热线 021-63914988 市场部热线 021-63914081 www.hibooks.cn	印 刷	浙江临安曙光印务有限公司
		开 本	920×1168 1/32
		印 张	3.75
		字 数	72,000
		版 次	2015年1月第1版
发 行	上海世纪出版股份有限公司发行中心	印 次	2015年1月第1次印刷

ISBN 978-7-5432-2457-5/C·117 定价:20.00元

Applied Regression: An Introduction
English language editions published by SAGE Publications of Thousand Oaks, London, New Delhi, Singapore and Washington D.C., © 1980 by SAGE Publications, Inc.
All rights reserved. No part of this book may be reproduced or utilized in any form or by any means, electronic or mechanical, including photocopying, recording, or by any information storage and retrieval system, without permission in writing from the publisher.
This simplified Chinese edition for the People's Republic of China is published by arrangement with SAGE Publications, Inc. © SAGE Publications, Inc. & TRUTH & WISDOM PRESS 2014.

本书版权归 SAGE Publications 所有。由 SAGE Publications 授权翻译出版。
上海市版权局著作权合同登记号:图字 09-2013-596